AF610364

R. FRANÇOIS 1962

ENCYCLOPÉDIE-RORET.

NOUVEAU MANUEL

COMPLET

DU TONNELIER

ET DU

BOISSELIER.

AVIS.

Le mérite des ouvrages de l'*Encyclopédie-Roret* leur a valu les honneurs de la traduction, de l'imitation et de la contrefaçon. Pour distinguer ce volume il portera, à l'avenir, la *véritable* signature de l'éditeur.

MANUELS-RORET.

NOUVEAU MANUEL
COMPLET
DU TONNELIER
ET DU
BOISSELIER,

suivi

De l'art de faire les Cribles, Tamis, Soufflets, Formes et Sabots.

Par M. **PAULIN DÉSORMEAUX.**

Ouvrage orné de Figures.

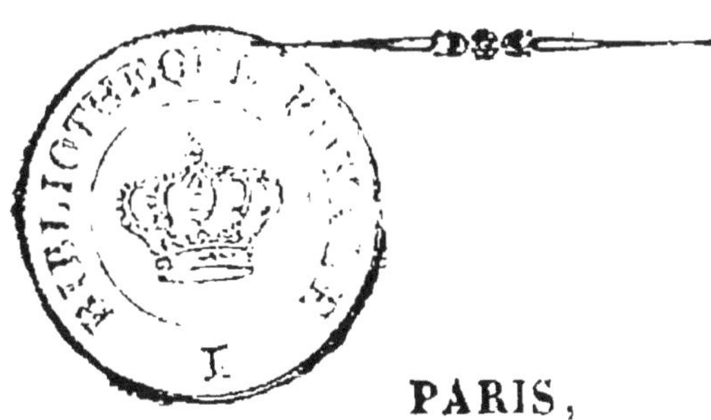

PARIS,
A LA LIBRAIRIE ENCYCLOPÉDIQUE DE RORET,
Rue Hautefeuille, n° 10 bis.
1838.

ERRATA.

Page 40, ligne 18 : au lieu de 12, lisez 1, 2.
— 47, — 25, figure 59, ajoutez *bis*.
— 49, — 17 : au lieu de 43, lisez 49.
— *Idem*. — 22 : au lieu de l'octaèdre, figure 57, lisez 58.

Page 49, ligne 23, à la fin : au lieu de 58, lisez 59.
— *Idem*. — 24, ajoutez *bis* au chiffre 59.
— 125, — 19, lisez 161 au lieu de 151.
— 186, — 28, lisez *buse* au lieu de *base*.
— *Idem*. — 31, à la fin, même faute.
— 187, — 6, au commencement, même faute.
— 201, jusqu'à la page 208, lisez à toutes les indications de figures : 242, 243, 244, 245 et ainsi de suite jusqu'à 253, au lieu de 142, 143, 144, 145, etc., jusques et y compris 153.

Page 204, ligne 14 : au lieu de fig. 4, lisez fig. 243.
— 227, — 16 : au lieu de 224, lisez 284.

TABLE

DES MATIÈRES.

	Pages.	figures.
CINQUIÈME PARTIE. *Boissellerie*.	208,	
Noms et capacités des anciennes mesures.	211,	
Outils.	212,	255 à 276
Produits.	213,	277 à 285
NOTIONS THÉORIQUES.	228,	
Formes et dimensions des nouvelles mesures de capacité.	229,	
Hauteur et diamètre.	231,	
Conversion des litrons, boisseaux, etc., en litres, décalitres, etc.	232,	
Litrons de Paris en litres.	233,	
Boisseaux en litres.	234,	
Setiers en hectolitres.	234,	
Muids en hectolitres.	235,	
Litres et hectolitres en litrons, boisseaux et muids de Paris.	236,	
Litres en boisseau.	236,	
Hectolitres en setiers.	237,	
Hectolitres en muids.	237,	
Mesures usuelles de capacité pour matières sèches.	238,	
Conversion facile de toutes les anciennes mesures en nouvelles.	239,	
Mesures locales évaluées en livres de marc.	240,	
Mesures locales évaluées en anciens pouces cubes.	241,	
CRIBLES, TAMIS.	242,	286 à 288
Soufflets.	244,	289 à 298
Sabots.	251,	299 à 304

MANUEL

DU

TONNELIER.

INTRODUCTION.

L'art du tonnelier n'est pas un de ces arts qui, chaque jour, suivent une marche progressive. Depuis long-tems il a atteint le degré de perfectionnement auquel il était susceptible de parvenir. Nos ancêtres faisaient, à peu de chose près, les tonneaux aussi bien que l'on les fait de nos jours; il n'y a plus à rechercher qu'à faire vite : et même encore de ce côté il n'est guère possible de beaucoup gagner sur les bons ouvriers. La mécanique, qui cherche à s'emparer de toutes les fabrications, est parvenue à produire des tonneaux, non pas mieux exécutés que ne le sont ceux faits par la main d'un ouvrier habile; mais elle les produit en plus grand nombre dans un espace de tems donné. De belles machines, savamment conçues, recommandables par une exécution raisonnée et finie, attiraient tous les regards à l'exposition publique des produits de l'industrie nationale, en 1834; et l'exposant, M. de Manneville, aura, nous le présumons, obtenu des distinctions flatteuses. (1) Cependant les tonneliers

(1) Nos prévisions se sont réalisées; voici ce qu'on lit page 243, deuxième partie du rapport officiel sur l'exposition de 1834 : M. DE

présens faisaient quelques objections, qui, à part ce qu'il pouvait y avoir d'injuste dans le mauvais vouloir de l'intérêt privé qui se croyait froissé, avaient assez de fondement pour donner matière à un examen attentif. Ils prétendaient qu'en relevant le coût de la machine, celui de son loyer, celui de ses réparations, en y ajoutant le prix du môteur, machine à vapeur, ou force vivante, travaux d'entretien de l'une et de l'autre et autres dépenses, on trouverait que l'emploi de cette machine suppose la possession d'un capital très élevé. Ils disent en outre, évaluez les intérêts de ce capital, et comptez combien avec la somme annuellement produite par ces intérêts compliqués, vous pourrez payer de journées d'ouvrier à 3 francs par jour. Si avec cette somme vous pouvez payer dix ouvriers, la machine est inutile; car dix ouvriers produiront plus qu'elle. Dans les années faibles, dans les demi-années même, votre machine dépensera toujours la même somme, qu'elle travaille ou non; tandis que celui qui fabrique à la main, n'a aucune dépense à faire lorsque le travail cesse. Une fois tous les dix ans, peut-être, la machine avec tous les frais qu'elle entraîne pourra entrer en concurrence avec la fabrication manuelle; mais si elle a perdu pendant neuf années, et que la dixième elle soit seulement au pair, il s'en suivra qu'elle sera une cause de ruine pour le propriétaire.

Nous n'avons pas fait tous ces calculs; mais l'objection est

MANNEVILLE, à *Gonneville* (Calvados), série de machines pour la confection des tonneaux. Ces machines présentent encore plusieurs imperfections que l'auteur pourra par degrés atténuer ou faire disparaître. Dans leur état actuel, elles produisent des résultats assez satisfaisans pour mériter la médaille de bronze à leur auteur.

sérieuse, et avant de conseiller l'emploi de la mécanique, nous invitons les fabricans à bien établir leurs comptes.

Dans les grandes villes les tonneliers ne se consacrent pas à la fabrication des tonneaux, ils font des baquets, des seaux, des brocs, des cuviers et autres ustensiles de cette espèce; on les nomme *barilleurs*. Les tonneaux se font plus particulièrement dans les pays vignobles et dans les ports de mer. Nous ne ferons point ces distinctions, nous parlerons de toutes les fabrications comme si elles étaient faites par un seul et même ouvrier.

Il semble au premier aperçu que rien n'est plus facile que la façon d'un tonneau, et cependant nous lisons dans Robinson, que son industrie s'est trouvée en défaut lorsqu'il voulut l'entreprendre. Il vint à bout de se bâtir une maison, de se faire une table, des chaises, une barque, et tous les autres objets usuels; mais un tonneau !..... ce fut là sa pierre d'achoppement. En avançant ce fait, le romancier n'en parlait pas au hasard, peut-être, lui-même, avait-il essayé et avait-il échoué; car un tonneau, comme tout autre vase destiné à contenir les liquides, ne souffre point d'imperfection; la moindre manque, la moindre fente, le liquide fuit et le tonneau n'est bon à rien : une table, une chaise, une armoire, serviront toujours, un peu mieux, un peu moins bien confectionnées; le tonneau imparfait n'est bon qu'à être *démoli*.

Si l'on considère en effet qu'un tout composé de tant de morceaux qui ne sont que juxtà-posés, sans assemblages, sans rainures ni languettes, doit cependant être assez solide pour résister aux chocs ordinaires, on comprendra que ce n'est qu'à force de précision et de rectitude qu'on obtient cet effet. On a vainement essayé de faire des tonneaux d'un seul morceau de bois : outre qu'il serait très difficile de trouver des morceaux assez gros et assez sains pour y parvenir, il est prouvé que des tonneaux ainsi faits, laisseraient échapper le liquide et ne seraient point solides. Des barils à poudre, faits sur le tour, n'ont pas empêché la poudre de s'éventer, et ne gardaient point les liquides, parce qu'un des fonds, celui qui faisait corps avec le baril, était en bois debout. Or, un tonneau n'est hermétique qu'autant qu'il ne se trouve aucun bois debout dans tout son ensemble. Si la rainure de la jable n'était point exactement emplie par le biseau des fonds il y aurait *fuite*, parce qu'à cet endroit le liquide toucherait au bois debout. On voit d'après cet exposé que le tonneau composé comme il l'est maintenant, est ce qu'il y a de mieux et dans la forme et dans l'agencement des parties qui composent l'ensemble.

On ne saurait établir historiquement depuis quand on fait des tonneaux : cet art est très ancien, et l'on fabriquait déjà des vases composés de plusieurs morceaux de bois dans certains pays, tandis que dans d'autres on se servait des outres qui étaient faites avec des peaux de boucs préparées pour cela, on s'est servi aussi de grands vases de terre cuite; mais le tonneau est aussi ancien que les outres et les amphores. Lorsqu'il s'agissait de conserver le vin, les anciens préféraient leurs grands vases de terre qu'ils enfouissaient en terre et qui pouvaient rester ainsi pendant de longs intervalles de tems sans être exposé à la pourriture qui aurait promptement atteint des tonneaux mis dans une semblable position. Il paraît certain, quant aux tonneaux, que les anciens les enduisaient, à l'intérieur, de poix ou de goudron. Cet usage ne s'est point conservé.

DISTRIBUTION DE L'OUVRAGE.

Nous examinerons d'abord quels sont les bois les plus propres à être mis en usage, puis nous nous occuperons des outils et ustensiles propres à travailler ces bois. Le travail du tonnelier fera l'objet d'une troisième partie, et enfin nous passerons en revue tous les objets divers qui se rattachent à la fabrication.

PREMIÈRE PARTIE.

Des bois employés par le Tonnelier.

Le *chêne* est le seul bois employé pour faire les tonneaux, le *châtaignier* sert à faire les cercles, le *hêtre* sert dans la boissellerie, le *sapin* sert à faire les grands cuviers, l'*osier* rouge sert à lier les cercles, qui se font aussi quelques fois en *bouleau*, en *saule*, en *frêne;* mais la presque totalité des cerceaux ordinaires est faite en *châtaignier* qui est le meilleur bois connu pour cet usage.

LE CHÊNE. Le chêne employé par le tonnelier est un bois mûr, sain, sans aubier, de fil, refendu au coûtre : celui avec lequel on fait les *douves* ou *doiles;* les planches qui forment le tonneau se nomment *merrain*, celles avec lesquelles on fait les fonds, se nomment *traversin*. Les marchands de bois destinent à cet emploi des parties droites, de gros arbres, mais qui ont trop peu de longueur ou de largeur pour être utilisés à d'autres usages. Dans une vente, l'intérêt et le profit du marchand consistent à ménager le travail et le bois à l'emploi qu'il en peut faire. C'est avec des bois suivans qu'on ne saurait guère employer à autre chose qu'on fait le merrain. Quant à la nature du bois qu'on doit préférer pour cet usage, c'est celui dit *de fente* que l'on choisit. On nomme ainsi, celui dont le fil est assez droit pour être divisé en planches, à l'aide du coûtre, dont nous donnerons la description au chapitre des outils; on nomme bois *refendu*, celui qui est divisé à l'aide de la scie. Quelquefois cependant, on fait usage de ce dernier, pour construire les pipes, espèce de gros tonneaux dont il sera parlé plus bas. Les douves ainsi faites avec du bois refendu, sont plus épaisses et plus difficiles à travailler, parce qu'elles ne sont pas refendues suivant le fil du bois, et qu'il s'y trouve du bois tranché, ce qui a en outre le grave inconvénient, surtout si le bois est fortement tranché, de rendre les tonneaux moins hermétiques, jusqu'à ce que le bois soit *étanché*, c'est-à-dire, qu'il se soit rempli de vin qui, en séchant, ait bouché les pores. Lorsqu'on est réduit à employer ce bois, il faut le cintrer en le sciant, afin d'avoir moins de peine à faire le *bouge* dont nous parlerons lorsque nous traiterons de la fabrication. Le merrain doit donc toujours être pris dans du bois de fil et de quartier, dont on a bien soin d'enlever l'aubier qui ferait gaucher les doiles dans lesquelles il se rencontrerait, et qui d'ailleurs les rendrait susceptibles de pourrir promptement.

On appelle *aubier*, la partie du bois qui avoisine l'écorce, sa couleur est plus pâle que celle du bois fait; il y a des bois où il se rencontre plus ou moins d'aubier, la nature, à cet égard, ne suit point une règle fixe, et il est très difficile de savoir comment et à quelle époque cet aubier se convertit en bois fait, puisque assez souvent l'aubier ne suit pas les couches concentriques, et que, par conséquent, il s'en trouve plus d'un côté de l'arbre que de l'autre, et qu'à des hauteurs diverses dans la même branche ou sur le même corps d'arbre, il se trouve plus ou moins d'aubier : la conversion en bois fait tient à des circonstances encore inconnues. La seule règle à suivre, c'est de retrancher l'aubier partout où il se rencontre lorsque l'arbre est abattu.

Dans les pays où l'on n'aurait point de chêne on pourrait assurément se servir de tout autre bois serré, compacte et liant; pourvu, toutefois, qu'il n'eût point une odeur susceptible de se communiquer au vin, ce qui pourrait en altérer le goût, comme cela se rencontre souvent avec le bois de chêne lui-même : ainsi qu'on le verra plus bas.

On peut aussi employer le hêtre ou le châtaignier; on prétend même que dans le premier, le vin prend un goût agréable, mais il est plus sujet à être piqué par les vers : ce que l'on nomme *pertuisé*. Le châtaignier est moins sujet à ces défauts, mais il est poreux et buvard, surtout quand il est vieux, et alors il consomme beaucoup de liquide avant d'être étanché, et lorsqu'on destine les fûts à contenir de l'huile, comme cela a souvent lieu dans le midi, il est prudent de couvrir les fonds d'une couche de plâtre, et de *poisser* les doiles à l'extérieur. Dans les pays où la culture de la soie rend le mûrier commun, on peut faire des tonneaux avec le bois de cet arbre, mais on l'emploie plus particulièrement avec avantage, à faire des seaux, des barils, des brocs, etc.; on peut aussi se servir de pin et de sapin, lorsque l'on n'a que des matières sèches, telles que graines, sucre, fruits secs, clouterie, etc., à renfermer dans les futailles. C'est aussi dans des tonneaux de sapin que les poix grasses et sèches sont expédiées. En parlant des cuviers nous dirons quelle espèce de sapin il convient d'employer.

La Hollande fournissait autrefois beaucoup de merrain, qui était employé dans les ports de mer, elle en expédie encore, mais en plus petite quantité; ce merrain arrivait tout débité et prêt à être mis en usage.

Lorsque le métier de tonnelier était soumis aux statuts de la franchise, la loi qui régissait la matière avait déterminé quelles sortes de bois devaient être employées. Ce n'est plus une loi qui l'ordonne maintenant, c'est l'intérêt privé qui conseille l'emploi de matières premières de qualité supérieure. Si l'ouvrier passe son tems et dépense son labeur sur de mauvais bois, il ne vendra point ses produits, ou du moins il les vendra beaucoup moins chèrement, et comme le tems et le travail seront les mêmes, sinon plus considérables, ce qui arrive souvent lorsqu'on emploie du mauvais bois; il doit, à peine de ruine totale, choisir toujours les meilleures qualités; nous devons donc lui remettre devant les yeux, les conditions imposées par les règlemens et ordonnances; elles serviront à le guider dans son choix.

Le merrain et le traversin (nous en parlerons plus bas) dont le tonnelier se servira pour la confection de ses tonneaux seront *secs*, *sans aubour*, (aubier) *non pourri*, *rongé ou vermoulu*, *pertuisé*, *vergé* ni *artisonné*, *gras* ni *roulé*.

Sec. Si on employait le bois, alors que la sève est encore dans ses pores, il serait trop mou, il s'imbiberait des liqueurs contenues dans les fûts, la pression des cercles le refoulerait, il se voilerait; il faudrait resserrer les cercles au fur et à mesure du retrait. Le contraire a lieu lorsqu'on emploie le bois sec, il se gonfle lorsqu'il est mis en contact avec le liquide, et par ce moyen, la futaille s'étanche d'elle-même, se resserre et devient imperméable.

Sans aubour. Nous avons dit ci-dessus ce que c'est que l'aubier.

Pourri, *rongé* ou *vermoulu*. Ces mots portent eux-mêmes leur signification. Il suffit que le bois soit *échauffé* pour être rejeté, sans attendre qu'il soit parvenu à ce point de détérioration. Or, on reconnaît que le bois est échauffé, lorsque vu en bout, on y distingue de petites places plus blanches que le bois ordinaire, et qu'il offre un aspect picoté; ce bois d'ailleurs a perdu son élasticité et casse facilement.

Pertuisé. Vieux mot qui signifiait percé : il y a deux sortes de vers qui perforent le chêne : l'un très-gros, c'est celui qui se convertit vers la mi-mars, en insectes rouges qui s'envolent dans les premiers jours d'avril, si le tems est chaud; le bois percé par ce ver doit être mis au rebut. L'autre espèce, moins connue, ne produit que de très-petits trous : ce bois, lorsqu'il n'en est pas trop traversé, peut être admis à la condition que le tonnelier bouchera ces trous, car ils seraient suffisans pour occasioner des fuites. Les ordonnances le rendaient responsable du dommage causé par ces trous, s'ils se trouvaient situés sous les cercles, on estimait la quantité et la valeur du liquide perdu, et le tonnelier en devait tenir compte. Pour les boucher lorsqu'il s'en rencontre, il se sert des épines du prunelier, qui remplissent très-bien cet office.

Vergé, *vergeté*, *artisonné*, *bois rouge*. Dans certaines parties de forêts, les planches de chêne offrent sur leur superficie des veines de différentes couleurs. Quand le bois prend une couleur rouge marbrée c'est une preuve de mauvaise qualité. Ce bois employé ne dure pas aussi long-tems qu'un autre. Il se charge d'humidité et pourrit promptement. On croit que ce défaut est plus commun dans les bois abattus en retour, et l'on sait que le chêne atteint ce terme plus promptement dans certaines forêts que dans d'autres. Comme cet état du bois est un commencement de décomposition et qu'il peut donner un mauvais goût au vin, les ordonnances avaient eu raison de le proscrire. On tolérait seulement la doëlle du bondon, qui pouvait sans grave inconvénient être faite avec ce bois.

Le bois gras provient d'arbres encore plus avancés dans leur retour ; la couleur en est tendre et les fibres non liées. Les tonneliers sont bien quelquefois obligés de l'employer faute de pouvoir s'en procurer d'autres, mais il ne produit jamais bon effet, et même s'il est par trop gras, non-seulement il laisse perdre le vin, mais il est sujet à se tourmenter et à *s'épeigner*, c'est-à-dire à se rompre dans le jable.

Bois roulé, on dit *roulis* dans certaines contrées. On nomme ainsi un bois dont les couches concentriques n'ont plus entre elles la même adhérence que lorsque le bois était dans toute sa vigueur. L'âge n'est pas une cause absolument déterminante de cette maladie, certains bois en sont affectés long-tems avant l'époque de leur maturité. Dans ce cas, la substance médulaire qui se trouve dans les couches ligneuses concentriques est fougueuse, spongieuse, et lorsque le bois est sec elle perd toute sa tenacité : on comprend bien que ce bois ne peut être employé

Le traversin est le même bois que le merrain ; mais plus court, moins régulier ; c'est avec ce bois qu'on fait les fonds des tonneaux ; les morceaux en sont de longueur et de largeur inégales. Le traversin doit d'ailleurs avoir les mêmes qualités que le merrain : le choix est le même, et les défauts que nous venons de signaler relativement à l'un doivent être signalés également dans l'autre.

On peut facilement concevoir, d'après ce qui précède, comment une partie des bois employés à faire les futailles est susceptible de gâter le vin qu'elles renferment. Mais il est certain bois sur lequel on ne voit aucune des marques que nous venons de désigner comme indiquant un mauvais bois, et qui néanmoins employé à faire des tonneaux gâte en très-peu de tems le vin dont on les emplit, ou bien communique à la liqueur un goût qu'on est convenu de nommer *goût de fût*, qui lui ôte la vente et qui, quelquefois, le détériore tellement, qu'il n'est plus bon qu'à être *brûlé*, c'est-à-dire converti en eau-de-vie ou bien à être transformé en vinaigre. On ne connaît point de signes extérieurs qui puissent faire reconnaître ce défaut caché; et celui-là rendrait un service signalé à l'agriculture et au commerce qui trouverait le moyen de le reconnaître. Jusqu'à cette heure personne n'y est parvenu, et le tonnelier le plus expérimenté a vu souvent son tact et son expérience mis en défaut. Il n'est pas rare entre quantité de pièces sorties des mains d'un même ouvrier instruit et consciencieux, d'en voir plusieurs dans lesquelles le vin prend un goût de fût et se gâte bien promptement, tandis qu'une partie du même vin, extraite de la même cuvée, déposée dans le même endroit, les poinçons interposés, non-seulement ne prend pas le goût de fût, mais conserve sa qualité. C'est une chose singulière et difficile à expliquer. Probablement une ou deux doëlles de ce bois impropre suffisent pour infecter le tonneau, et tous ceux qui ne sont pas faits d'un bois absolument sain contractent ce goût. Les ordonnances n'étaient donc pas parfaitement justes lorsqu'elles mettaient ce goût de fût à la charge du tonnelier, puisqu'il avait été reconnu que dans le cas qui nous occupe il n'avait aucun moyen d'en préserver ses futailles. Qu'il soit condamné dans tous les cas spécifiés plus haut, cela pouvait être fondé; mais lorsqu'aucun indice ne militait contre lui qu'il soit de même caution, voilà ce qui nous semble, dans ces ordonnances, un excès de rigueur. Néanmoins le tonnelier ne pouvait éviter de se soumettre à la loi, il était déclaré responsable des dommages arrivés aux vins renfermés dans les pièces qu'il avait livrées : il était obligé de reprendre toutes celles qui avaient le goût de fût et de les payer aux propriétaires qui avaient acheté de lui, au prix de la vente commune du vin. Les fûts qui sont reconnus avoir cette mauvaise qualité doivent être déclarés et le bois doit en être brûlé, à moins qu'il ne soit employé pour seaux et autres vases non destinés à contenir et à conserver le vin ; car on ne connaît point de moyens propres à lui faire perdre cette mauvaise qualité : ce bois gâterait le vin qu'on y mettrait une seconde fois, à moins cependant que la douve infectée fût ôtée lors d'un nouveau bâtissage; mais comme aucun signe ne peut faire reconnaître cette douve ou ces douves, il est plus prudent de mettre tout le fût au rebut. L'exemple qu'on cite de M. Duhamel qui a fait faire deux tonneaux avec un bois rebuté par les tonneliers, tonneaux dans lesquels on a fait bouillir du vin nouveau, et qui n'ont communiqué aucun mauvais goût à ce vin, n'est point du tout en contradiction avec ce que nous avançons; il prouve que, par un excès de précaution louable, les tonneliers avaient rebuté du bon bois; mais il ne s'en suit pas qu'un bois reconnu pour avoir une fois donné le goût de fût, a pu être employé impunément une seconde fois : cet exemple prouve très-clairement notre assertion, que les tonneliers les plus expérimentés sont sujets à se tromper, malgré toute leur attention, puisqu'ils ont rebuté du bon bois, tandis que peut-être ils en auront admis qui aura donné le *goût de fût*.

Quand le tonnelier a regardé bien attentivement son merrain et son traversin, qu'il n'y a reconnu aucuns des défauts que nous avons signalés plus haut, il essaie son bois par un moyen mécanique qui consiste à frapper fortement avec une doëlle à plat sur l'angle d'une pierre, d'une enclume, ou sur les mâchoires de son étau; si le bois se casse net ou à peu près net en travers, il ne vaut rien; mais s'il se déchire dans le sens de sa longueur, s'il vole en éclats écharpés, il doit être réputé bon. Après cela, c'est le sort qui décide : il a fait tout ce qu'il pouvait faire pour s'assurer de la bonne qualité de sa matière première.

Observations générales sur le chêne, extraites d'un mémoire de John KNOWLES, *secrétaire du comité des inspecteurs de la marine royale anglaise.*

Nous avons pensé que les tonneliers, ceux surtout qui fabriquent dans les ports de mer, nous sauraient gré de leur avoir fait connaître ce travail qu'ils trouveraient difficilement ailleurs. La connaissance du bon chêne est une chose de la première importance dans leur état, et nous venons de voir que cette connaissance n'est point encore portée à un tel point qu'ils puissent faire leurs choix avec une entière certitude. Les diverses observations que nous allons rapporter pourront donc leur être d'une grande utilité. Nous laisserons parler l'auteur.

« La grande utilité des bois par rapport aux agrémens, et plus encore aux besoins de la vie, a naturellement excité en tous tems l'attention de tous les peuples, et les recherches des philosophes ont eu souvent pour objet de découvrir non-seulement les propriétés des différentes espèces de bois, mais aussi les voies que suit la nature pour la production et la croissance des arbres...... Ces recherches ont produit beaucoup de bien en donnant lieu à des expériences qui ont servi à fixer l'opinion et à établir des faits relatifs à la saison la plus convenable pour les abattages et à la meilleure manière de préparer et de conserver les bois destinés aux travaux civils, militaires et maritimes.

La force dans les fibres et la faculté de se conserver long-tems sont les signes caractéristiques d'un bon bois; aussi les espèces qui possèdent ces propriétés sont-elles plus précieuses et plus utiles dans les travaux d'art. Quelque parfaite que soit la construction d'un édifice, si les matériaux dont il est composé ne présentent pas ces deux qualités essentielles, les travaux de l'architecte deviennent inutiles, puisque, bientôt, la destruction est inévitable.......

Le chêne a été nommé le *roi des forêts*, il était regardé comme sacré, probablement à cause de sa beauté et de ses qualités supérieures, ou parce que des rites mystiques étaient pratiqués à l'ombre de ses rameaux par les Grecs, les Romains, les Gaulois et les Bretons : il croît dans la plupart des contrées de l'Europe. Des naturalistes ont attaché beaucoup d'importance à ranger cet arbre en plusieurs classes, suivant les diverses qualités du bois, et l'on a prétendu que Boerhaave en possédait soixante-dix dans son jardin botanique. Cependant il est probable que ces différences proviennent seulement du sol, du climat, de l'exposition au soleil et au vent. Parmi les chênes qui croissent sur un sol favorable, tel qu'une terre compacte et visqueuse, nommée *glaise*, plutôt sèche qu'humide, ceux des parties méridionales de l'Europe méritent la préférence. On a reconnu depuis long-tems la supériorité de ceux qui viennent en Provence et sur les côtes de l'Italie et de la Turquie baignées par l'Adriatique. Les vaisseaux construits à Toulon avec ces bois..... ont une durée plus longue que celle de tout bâtiment construit avec du chêne d'un autre pays. Mais, dans ces contrées, tous les bois de cette espèce ne sont pas d'une qualité constante; les terrains bas et marécageux produisent des arbres d'une croissance très-prompte dont le grain est gros et ouvert, et dont le bois en conséquence est faible et sujet à se détériorer rapidement par l'effet des changemens de saison. Dans quelques pays cette dernière espèce est appelée *chêne cerris*; les Français lui donnent le nom de *chêne gras*..... (Le *cerre*, *quercus cerris* est une espèce tout-à-fait particulière qui ne doit point être confondue avec le *chêne gras*. V. ci-dessus ce qu'est le chêne gras)..... Dans les contrées où le chêne est indigène, il est reconnu que le bois est d'autant meilleur que la température du climat est plus élevée, mais les arbres venus sur les hauteurs prennent infiniment moins d'accroissement.

» Les chênes d'Amérique, à l'exception du chêne vert, *quercus virens*, sont très-inférieurs à ceux de toute autre contrée..... Cependant la Floride produit une grande quantité de chênes verts supérieurs à celui qui croît dans les parties plus septentrionales; c'est ce qui rend la possession de cette contrée si importante pour les Etats-Unis. Ce bois, d'après l'examen récent fait de quelques parties de la frégate l'*Essex* paraît être presque incorruptible; de cinq cent sept pièces qui étaient à bord depuis douze ans, six seulement se sont trouvées en mauvais état. Les Français, à l'époque où ils possédaient le Canada, et les Anglais, depuis quelques années, ont importé de grandes quantités de chêne connu sous la dénomination de *chêne blanc*. Ce bois s'est promptement détérioré et a corrompu d'autres bois d'une qualité supérieure avec lesquels il avait été mis en contact. Le *chêne rouge* d'Amérique est encore plus mauvais, et l'on a rarement vu l'une ou l'autre de ces deux espèces se conserver parfaitement saine pendant plus de cinq ans. Un examen attentif fait découvrir sur le chêne du Canada de petites taches jaunes qui sont les indices certains d'un prochain dépérissement.

Le tronc des arbres est sujet à un grand nombre de vices provenant de la qualité du sol sur lequel ils croissent, d'accidens occasionés par le vent, d'un âge trop avancé ou de la rigueur des saisons. Les deux premières causes produisent souvent la carie du cœur et sa roulure (v. plus haut), et des deux dernières naissent d'autres défauts intérieurs. Comme c'est dans l'axe du tronc...., et la partie la plus voisine de la racine que se trouve le bois le plus vieux, il est probable que les sucs en approchant du centre deviennent insensiblement moins actifs, et que, dans les vieux arbres, à mesure que les vaisseaux perdent leur élasticité, ils deviennent stagnans, putrides, et amènent le dépérissement du bois.

» La rigueur des hivers dans les climats froids attaque fréquemment la partie extérieure de l'aubier ; dès-lors, il ne reprend jamais son élasticité ; mais, avec le tems, il se couvre d'une couche de bon bois. Ce défaut, qui s'appelle *veine* ou *double aubier*, est commun dans les chênes qui croissent isolément et qui sont exposés à la gelée sur les bords de la Baltique....... Tous les comtés d'Angleterre produisent du bon chêne; mais c'est dans le Sussex et le Kent qu'on trouve le meilleur. La principauté de Galles produit des arbres assez ordinairement de petite dimension, mais dont le bois est dur et excellent quand il n'est point gâté par l'ébranchage : ce bois est très-durable.

» Enfin le bon chêne se reconnaît à la vue et au poids. Le cœur de l'arbre doit être d'un jaune pâle, devenant insensiblement plus brun à mesure qu'il approche de l'aubier ; ses pores sont petits, ses fibres sont serrées. Le chêne d'excellente qualité, lorsqu'il est bien sec, est, sous le rapport du poids, comparativement au chêne d'une mauvaise nature, comme sept est à cinq, et sa force est à peu près dans la même proportion.

Les auteurs qui ont traité de l'influence qu'exerce l'âge des arbres sur la qualité des bois, ont différé d'opinion par rapport à l'époque convenable pour leur abattage. Les uns ont prétendu que les arbres qui étaient restés sur pied quatre-vingts ans, étaient les meilleurs; d'autres ont préféré le terme de cent ans.... Pline, livre xvi, chap. 39, dit que pour avoir de bon bois les arbres doivent être coupés à un âge moyen ; trop jeunes ou trop vieux, ils sont également impropres pour les constructions durables. Enfin il en est qui ont prétendu que le chêne profitait jusqu'au-delà de deux cents ans. Aucune règle générale ne peut être établie à cet égard. Tant que les arbres ont une apparence de force et de santé, et qu'ils ne présentent aucun indice de décadence dans les branches supérieures, on peut les laisser sur pied, attendu que le bois acquiert non-seulement en qualité, mais considérablement en quantité : le cercle d'accroissement augmentant chaque année en circonférence, il en résulte un avantage pour les dimensions, et la nourriture portée au centre de l'arbre devient favorable aux cercles annuels.

» Mais aussitôt que les arbres commencent à diminuer de vigueur, ce qui se reconnaît par la chute précoce des feuilles et le dépérissement des branches supérieures, ou parce qu'ils deviennent ce qu'on appelle en Angleterre *tête de cerf* et chez nous *couronné*, ils doivent être abattus : s'ils restaient sur pied, le cœur commencerait à se pourrir près de la racine, et le reste de l'arbre serait graduellement attaqué du même mal.

» Sous le rapport de la densité, et conséquemment de la force, le bois le plus pesant et le plus fort dans les arbres qui profitent encore, est au centre près des racines; ces qualités vont toujours en décroissant jusqu'à la surface extérieure ; mais dans ceux qui ont déjà décliné pendant quelque tems, on rencontre le contraire; car le bois le plus fort et le meilleur se trouve près de l'aubier, tandis que le plus faible est au cœur.

On peut dire avec raison que, dans le même arbre, il n'existe pas deux parties égales en poids, en force et en âge, puisque le cœur est plus âgé, et, comme nous venons de le dire, plus fort et plus pesant que les parties extérieures. Il en est de même du bas de l'arbre par rapport au sommet, eu égard, toutefois, aux différences d'âge et de qualité dont nous avons déjà fait mention. »

Après avoir traité des diverses qualités du bois de chêne, l'auteur s'occupe d'une question importante, celle de l'époque de l'abattage des arbres.

« L'hiver a été généralement considéré, dit-il, comme le tems propre à cette opération; mais quoique ce soit une opinion presque universellement établie, elle a trouvé des antagonistes. Parmi les anciens et les modernes dont le sentiment à cet égard peut faire autorité, Hésiode, Théophraste, Pline et Columelle recommandent l'hiver, Caton la fin de l'été, et Vitruve l'automne, comme les époques le plus convenables à l'abattage des arbres. Plott, Evelyn, Duhamel, Buffon, Hunter et Knight sont partisans de l'abattage d'hiver, et il fut constamment en usage en Angleterre d'abattre le bois en cette saison, jusqu'au règne de Jacques 1er. C'est alors que, dans le but d'encourager la tannerie, cette pratique fut défendue sous peine de confiscation des arbres ou d'une amende pécuniaire montant au double de leur valeur, excepté pour les bois nécessaires aux constructions navales, aux moulins et aux bâtimens de la couronne...... Buffon et Duhamel recommandent de laisser pendant trois ans les arbres dépouillés de leur écorce avant de les abattre, procédé qui passe pour rendre l'aubier aussi dur que le cœur. Le premier de ces deux écrivains publia, en 1728, une notice à ce sujet dans les mémoires de l'Académie. Vers l'année 1770, les Hollandais commencèrent à dépouiller leurs arbres sur pied ; Depuis lors, cette méthode a été recommandée par un grand nombre de personnes, et depuis 1814, elle a été fréquemment suivie en Angleterre.

On croit généralement que le bois abattu en hiver contient moins de sève que celui abattu au printems; mais diverses expériences ont prouvé que cette opinion n'est point fondée. Un nombre égal de pièces, dont chacune contenait la même quantité de bois, fut coupé dans les mêmes endroits sur différens arbres qui étaient exactement semblables, sous le rapport de l'âge et de la taille: ces bois, dont la moitié avait été abattue en hiver et le reste au printems furent pesés au moment de l'abattage: la première partie était beaucoup plus lourde, mais elle perdit davantage en séchant; de sorte qu'après le dessèchement les échantillons abattus en hiver ne pesaient guère plus que ceux abattus au printems..... le bois abattu en hiver est moins sujet à se tordre et à se fendre lorsqu'il sèche, que celui abattu à tout autre époque de l'année, en raison peut-être de ce que l'évaporation est plus grande pendant l'hiver et le printems, ou parce que le bois contient une plus grande partie de matière glutineuse. On a prétendu que les arbres abattus en hiver avec leur écorce, la chaleur vivifiante du printems suivant causera dans leur suc un mouvement qui facilitera l'enlèvement de l'écorce. Des expériences récentes ont prouvé que cette opinion n'est point fondée. Quelques arbres revêtus de leur écorce ont été coupés en hiver; au printems, l'écorce s'enlevait difficilement, et, lorsqu'elle fut détachée, on trouva qu'elle contenait peu, pour ne pas dire aucune, des propriétés qui la rendent précieuse pour la tannerie.

Les arbres écorcés sur pied sont encore assez vigoureux pour produire des feuilles ou des fruits pendant la première année; leur végétation est faible l'année suivante ; et s'il y paraît quelques feuilles au printems de la troisième année, elles meurent en général avant l'automne. Comme le froid affecte beaucoup plus les arbres dépouillés de leur écorce que ceux qui en sont encore revêtus, les premiers perdent toujours leurs feuilles plus promptement que ceux-ci.

L'aubier, dans les arbres de quatre-vingts à cent ans, forme environ la septième partie du bois sur pied. En conséquence, afin de s'assurer s'il peut être mis en œuvre, il est à souhaiter qu'on essaie de nouveau la méthode pratiquée en Angleterre et recommandée par Buffon : il convient cependant de remarquer que les arbres une fois dépouillés de leur écorce ne prennent plus d'accroissement. Aux environs de Naples et dans d'autres parties de l'Italie, les chênes abattus au milieu de l'été ont eu, dit-on, une fort longue durée. Les abattages en Angleterre ont ordinairement lieu depuis la fin d'avril jusqu'au commencement de juin; mais l'époque dépend de ce qu'on appelle le développement de la sève qui a lieu plus tôt ou plus tard selon la température de l'air.

Vitruve recommandait de faire près de la racine des arbres une incision qui traversât entièrement leur aubier. Ce procédé devait faire évaporer la sève, et, d'après son opinion, procurer au chêne une durée presqu'éternelle. Pline a recommandé la même opération. On a fait cette expérience sur plusieurs arbres tandis qu'ils étaient en feuilles. Il en résulta que, dans les arbres ou l'aubier fut entièrement séparé, la végétation cessa et les feuilles se flétrirent immédiatement; mais ceux où la séparation ne fut pas complète, continuèrent à végéter en ligne directe dans la partie où la communication n'était pas coupée. Il ne s'est pas écoulé assez de tems depuis le moment de l'expérience pour qu'on puisse déterminer la durée comparative de ce bois.

Les anciens croyaient que la lune et les planètes gouvernaient le règne animal et le règne végétal, et regardaient généralement le déclin de la lune comme le meilleur moment pour l'abattage des arbres. Hésiode dit qu'il croit peu convenable d'abattre aucune espèce de bois avant le dix-septième jour de la lune, parcequ'alors cet astre étant sur son déclin, la sève ou humidité intérieure qui est la grande cause d'une prompte détérioration est entièrement dissipée ou beaucoup diminuée. Caton regardait le quatrième jour de la pleine lune comme l'époque la plus favorable à l'abattage des arbres, et recommandait d'exécuter cette opération après midi, lorsque le vent n'était pas au sud. Pline recommandait de choisir le déclin de la lune depuis le neuvième jusqu'à son trentième jour, quand le vent d'ouest soufflait : et Végèce depuis son quinzième jusqu'à son trentième jour. Malgré toutes ces recommandations et quoique le déclin de la lune ait toujours été l'époque fixée pour les ordonnances du gouvernement pour l'abattage des bois de construction, cette préférence ne semble basée sur aucune raison plausible.

En résumant tout ce qui précède on peut conclure ce qui suit : que le bois abattu en hiver est un peu plus pesant, plus fort et moins sujet à se fendre ou à se tordre que celui abattu dans tout autre saison de l'année ; que tout bois de bonne qualité est durable dans quelque saison qu'il ait été coupé, pourvu qu'il soit bien séché avant d'être mis en œuvre; mais que, si on le fait servir aux constructions avant que son suc soit évaporé par le dessèchement, et si on ne l'expose pas à une libre circulation de l'air, il fermente, se corrompt et devient sujet à une prompte détérioration, quelle que soit d'ailleurs l'époque où son abattage ait eu lieu.

DESSÈCHEMENT DU BOIS.

Dans toute construction rien n'est plus important que de donner au bois le degré de dessèchement convenable; lorsqu'il n'a point atteint ce degré il doit se détériorer très-promptement, et, en se contractant, rendre les constructions imparfaites... Pendant tout le dernier siècle, en Angleterre, le bois a été empilé sur des terrains en pente, pavés avec des pierres plates où l'on avait pratiqué des rigoles pour l'écoulement des eaux de pluie. Afin de prévenir toute végétation dans les intervalles des pierres, on les couvrait avec des cendres de forge, les premières rangées étaient élevées au-dessus du sol par des cales ou poutres de bois sec d'environ 12 pouces anglais carrés (3 décimètres environ) sur lesquelles elles reposaient, et, afin de faciliter la circulation de l'air, chaque place était soutenue par des pièces de bois de la même espèce, mais de moindres dimensions. Des toits provisoires mettaient cet arimage à l'abri des injures du temps. On plaçait à part d'après le même arrangement les bois travaillés pour les bâtimens dont la construction était ordonnée; et comme il sèche plus vite lorsqu'il est gabarié, que lorsqu'il est brut ou travaillé sur le droit, il était parfaitement desséché lorsqu'on le mettait en œuvre..... Maintenant on suit la même méthode si ce n'est que les premiers lits reposent sur ces supports en pierres ou en fonte de fer.....

Dès que les arbres sont abattus on peut dire qu'ils commencent à sécher; ils doivent être placés sur des cales afin d'être élevés au-dessus de la terre ou de l'herbe, car rien ne leur fait plus de tort que d'être d'un côté desséché par une exposition incomplète au soleil et à l'air, et de l'autre d'être humectés par les exhalaisons de la terre.

On s'est beaucoup occupé de la manière de conserver le bois: les uns ont proposé de le laisser dans son état brut, les autres de le travailler sur le droit, d'autres enfin de le façonner entièrement. La première de ces propositions est sans doute la meilleure si le bois est exposé aux vicissitudes des saisons et s'il y a un assez grand approvisionnement pour qu'on puisse le garder de trois à cinq ans. Mais les deux dernières sont préférables si on le conserve dans un lieu abrité ou si la nécessité oblige de le mettre en œuvre à une époque peu reculée, attendu que le dessèchement sera plus rapide. Il y a des circonstances où il est avantageux de travailler le bois sur le droit aux lieux mêmes de l'abattage..... Il en résulte que si les bois sont encore bruts le prix de la partie utile de l'arbre se trouve augmenté de tous les frais de transport payés pour la partie du bois qui a moins de valeur. Les pièces enlevées à la scie dans le travail sur le droit, servent à divers usages pour lesquels on serait obligé d'abattre de jeunes arbres si on n'y suppléait pas de la sorte..... L'empilage des bois est une considération de la plus haute importance..... Les bois empilés avec soin ont une plus grande durée que ceux pour lesquels on ne prend pas les mêmes précautions.

Les piles doivent être abattues et formées de nouveau une fois par an. Les pièces qui étaient dans la partie supérieure doivent être rangées dans le bas et toutes doivent être changées de côté. Il faut couper les parties où se trouvent des nœuds et autres défauts : il faut avoir soin de ranger les pièces de bois verticalement lorsqu'on le peut, attendu qu'elles sécheront mieux ainsi, que dans la position horizontale; ce résultat a été prouvé par une foule d'expériences..... Il faut éviter de les mettre en contact et les tenir à l'abri de toutes les alternatives du soleil brûlant qui sépare leurs fibres et des eaux pluviales qui remplissent d'humidité les espaces ainsi formées. Dans tous les cas il faut éviter avec soin que le bois ne soit frappé par un vent violent qui le ferait fendre en absorbant l'humidité avant que les fibres fussent suffisamment consolidées.

Les terrains élevés sont préférables pour l'emplacement des piles de bois, attendu que le dessèchement serait retardé, et la qualité détériorée par les vapeurs humides, et surtout par les miasmes qui s'élèvent dans des endroits marécageux.

Il a été souvent d'usage de plonger le bois dans l'eau douce ou dans l'eau salée, soit pour l'empêcher de se fendre, soit pour prévenir la corruption de la sève, soit enfin, selon quelques personnes, pour en faciliter le dessèchement par la dissolution de cette dernière substance.

L'immersion du bois dans l'eau peut être commandée par diverses causes, suivant les différentes localités : ce procédé les empêche de se fendre dans les pays chauds, les met à l'abri des vers et les protège contre l'injure du tems dans les pays où il est très-variable. Les Vénitiens, probablement à cause de la chaleur du climat, plongeaient leurs bois de chêne dans l'eau salée. M. Strange, qui a passé un grand nombre d'années à Venise en qualité de consul d'Angleterre, informa les commissaires du revenu territorial, en 1792, qu'il avait entendu d'habiles constructeurs se plaindre des grands inconvéniens occasionés par la méthode en usage parmi eux, de jeter dans l'eau de mer le bois récemment abattu, et de l'y laisser jusqu'au moment du besoin; ces bois, placés sous des hangars, se flétrissaient et se desséchaient à l'extérieur, tandis que l'intérieur encore plein d'eau salée se pourrissait avant d'être sec, et occasionnait l'oxidation et la destruction des clous et chevilles en fer. En Suède, où les insectes font ordinairement de grands ravages sur le bois, Linné fut consulté à ce sujet, et il recommanda de plonger le bois dans l'eau de la mer, à l'époque où les insectes déposent leurs œufs. Ce moyen prévint le mal, et dans la suite, les bois conservés à terre après avoir été plongés, ne furent que légèrement attaqués par les insectes. Les Hollandais mettent leurs bois dans l'eau douce, et croient que ce procédé en augmente la durée; peut-être, dans un pays marécageux comme la Hollande, où le chêne a le grain ouvert, et où il est exposé à de fréquentes pluies, n'y a-t-il pas de meilleur moyen de le conserver. On y juge convenable de donner au bois six mois d'immersion par pouce d'épaisseur; et afin que l'eau opère plus efficacement, il n'est pas rare de voir les Hollandais couper de grandes pièces de bois par le milieu, et les travailler en deux parties..... Dans quelques ports d'Amérique, il est d'usage de garder le bois sous l'eau douce, et dans d'autres, sous l'eau de mer. A Brest, on met de préférence le bois dans l'eau douce;

à St-Malo, dans le sable humide. En Angleterre, vers la fin du dix-septième siècle, et à plusieurs époques du dix-huitième, le bois a été plongé en quelques endroits dans l'eau douce, et en quelques autres dans l'eau salée. Ce procédé tomba insensiblement en désuétude, mais on en ignore la cause; il a été cependant renouvelé depuis trois ans. Aujourd'hui on fait séjourner certaines parties du bois, trois mois au moins, dans l'eau douce; à Deptford et à Woolwich, on les met dans l'eau de mer.

L'eau douce pénètre le bois bien plus promptement que l'eau salée, car, dès qu'on peut la regarder comme saturée de la première, il ne tardera pas à absorber une quantité considérable de la seconde. Si, par l'immersion, on se propose la saturation des bois, ou la macération de leurs fibres portée à un assez haut degré, l'eau douce est préférable, attendu que le sel se fixera jusqu'à un certain point à la sève; l'eau courante est également préférable à l'eau stagnante.

C'est à tort qu'on espère saturer complètement de grandes pièces jusqu'à leur centre, car on a vu de très-petits cubes, ceux de 25 centimètres par exemple, plongés dans l'eau douce, augmenter de pesanteur pendant un grand nombre de mois. Le printems est la saison où il convient de mettre les bois dans l'eau, afin que la température de ce fluide augmente graduellement avec la chaleur de l'été. Pendant quelque tems ils semblent produire de petits bouillonnemens d'air, et après y être restés quelques jours, ils se couvrent d'une matière visqueuse, engendrée probablement par la dissolution de quelques-unes de leurs parties.

L'immersion affaiblit considérablement le bois; celui d'une excellente qualité, après avoir séjourné quelque tems dans l'eau, deviént pour l'extérieur et pour la force, semblable à celui qui n'a pas été plongé, mais qui, dans l'origine, était d'une qualité inférieure.

Le chêne absorbe plus d'eau par l'immersion que tout autre bois, et augmente de pesanteur suivant sa qualité, sa taille et le degré de dessèchement auquel il était parvenu, ou selon qu'il a été mis dans l'eau salée ou dans l'eau douce. Néanmoins, l'augmentation de poids peut s'évaluer, dans le bois sec, à environ un sixième, et dans le bois entièrement vert à un treizième au plus.

Parmi les écrivains qui ont traité du bois, on en compte un grand nombre qui conseillent de le laisser séjourner quelque tems dans l'eau. Vitruve recommandait de l'y laisser trente jours. Evelyn, dans son ouvrage intitulé *Sylva*, dit : c'est le flottage qui rend les planches de Bohême, de Pologne et les autres bois du nord, d'un si excellent usage pour quelques parties des vaisseaux ; et cet écrivain, ainsi que Holes et Ellis, affirme que le hêtre et l'orme s'améliorent beaucoup par l'immersion, surtout dans l'eau de mer, que cette méthode leur procure un dessèchement admirable, et les rend très-propres à être mis en œuvre. M. Nicholls dont l'opinion sur les bois est d'un grand poids, recommande l'immersion dans l'eau salée.....

On a fait des expériences dirigées avec beaucoup de soins et de sagacité, elles sont trop étendues pour que nous les rapportions; voici les conclusions qui en ont été les conséquences : 1° le bois sèche mieux en demeurant deux ans et demi à couvert, qu'en demeurant six mois dans l'eau et deux ans à l'air ; abrité de la pluie et du soleil.

2° Il perd plus lorsqu'il se dessèche en restant exposé pendant six mois d'immersion, tantôt au sec tantôt à l'humidité, qu'en séjournant toujours sous l'eau.

3° Que, dans tous les cas, la perte d'humidité est plus grande dans un tems donné lorsque le bout répondant à la souche est placé en bas.

Le temps nécessaire pour donner au bois le dessèchement qu'il doit acquérir avant d'être mis en œuvre, dépend de la densité et de la situation dans laquelle on l'a maintenu, de la manière dont on l'a conservé, et de l'état où il se trouvait, soit qu'il fut brut, travaillé sur le droit, ou entièrement préparé. Cependant, en principe général, aucune espèce de bois ne devrait être travaillée avant trois ans d'abattage. C'est le comble de l'erreur que de croire qu'à cause de la détérioration d'une partie des pièces mises en réserve, en ne considérant l'intérêt du capital déboursé, il est économique de laisser dessécher moins de trois ans.... Quel que soit le montant de ce capital, les dépenses sont largement compensées, car si les bois en se desséchant, se détériorent et laissent paraître quelque vice radical, il est évidemment plus avantageux de s'en servir alors, que d'employer du bois qui serait en pourriture peu de tems après avoir été mis en œuvre.

Le bois ne doit être considéré comme sec, que lorsqu'il est parvenu au point de pouvoir devenir hygrométrique, en pesant plus ou moins, selon l'humidité ou la sécheresse de l'atmosphère. Le beau bois de chêne abattu en été, perd environ un tiers de sa pesanteur, s'il est mis à couvert avant d'avoir atteint ce degré de dessèchement, et celui abattu en hiver perd un peu plus. On a conservé dans une chambre chaude du palais de

Sommerset, deux pièces de bois de trois décimètres carrés (un pied anglais) chacune, coupées à un mètre environ de la racine, de deux arbres tirés de la même forêt. L'abattage eut lieu le 15 novembre 1791, l'un fut coupé avec son écorce, l'autre avait été écorcé le printems précédent.

Les expériences ont produit les résultats suivans :

Pesanteur au moment de l'abattage		avec écorce, 62 0,	écorcé, 68 0
	30 janvier 1792,	49 0,	53 50
	20 septemb. 1796,	37 0,	41 5625
	29 janvier 1799,	37 0,	41 50
	décembre 1803,	36 50,	41 0625

A dater de cette dernière époque, ces pièces continuèrent à peser un peu plus ou un peu moins, suivant l'état de l'atmosphère.

Il est à remarquer que l'arbre écorcé était d'un grain beaucoup plus serré que celui revêtu de son écorce; et en comparant les cercles annuels, on trouva que sa croissance avait été beaucoup moins rapide. Deux pièces de bois de chêne, de trois décimètres carrés chacune, furent coupées du côté de la souche dans certains arbres abattus dans le Sussex : le bois était d'un grain très-serré. L'une de ces pièces fut placée dans une chambre où l'on allumait du feu par intervalle, l'autre fut exposée aux vicissitudes de l'air, les résultats suivans eurent lieu :

Pesanteur au moment de l'abattage	1 avril 1801,	renfermée, 70,46876,	à l'air, 72,265625
	1 juill. 1801,	56,25,	61,625
	1 avril 1802,	48,625,	59
	1 juill. 1803,	45	55,53125

Ces expériences n'eurent point de suite (1).

---

(1) Cette dernière expérience n'avait pas été bien conçue. Pour obtenir un résultat approximatif, il fallait que les deux cubes de

Le chêne sec, d'après Rumfort, contient un quart d'eau de son poids ; le chêne très-vieux en contient au moins un sixième. Les anciens employaient la fumée et la chaleur artificielle pour sécher leur bois. Le dernier de ces moyens a été fréquemment recommandé. Il y a quelques années, on a proposé d'établir des fours pour le dessèchement du bois : cette idée ne fut pas mise à exécution, on craignit que la grande chaleur ne le fit fendre. Le docteur Wolaston prétend qu'il est très-probable qu'un haut degré de chaleur suffirait pour détruire dans le bois toute tendance à dégénérer en pourriture sèche. Fourcroy recommande également de faire sécher le bois dans des fours, afin d'augmenter sa durée. Pallas, dans son ouvrage qui a concouru pour le prix de 1779, proposa ce qui suit pour hâter le dessèchement des bois : il conseillait de choisir dans les forêts les endroits les plus exposés aux rayons du soleil et situés sur un plan incliné, et de les paver avec des cailloux ou des pierres brutes : ces endroits disposés de la sorte, devaient, ainsi que le bois qu'on y eût placé, être couverts à deux pouces environ (0 m. 054) de leur surface, avec du sable ou du gravier fin qui eût été enlevé lorsque le bois eût été parfaitement

---

bois fussent pris dans le même arbre, à la même hauteur. Si on avait pris ces cubes, l'un au-dessus, l'autre au-dessous, il est probable que celui pris plus près de la racine aurait été de quelque chose plus pesant, bien que la différence eut été peu de chose. On pouvait prendre aussi les cubes exactement à la même hauteur, en fendant l'arbre en deux par le cœur, en faisant attention, avant de faire la séparation, qu'elle eut lieu suivant la ligne méridienne; car, dans les bois, le côté exposé au nord est toujours plus serré, et par conséquent plus pesant.

sec. Si le bois devait être mis en œuvre dans un bref délai, il fallait élever la température du bain de sable par des poëles placés sous le pavé. L'auteur prétendait avoir séché rapidement des bois de grande dimension par cette méthode sans qu'il s'y fit la moindre fente ou déchirure. Il ajoutait que l'aubier des bois qui avaient été écorcés au printems et abattus en hiver était changé en cœur après avoir subi ce procédé.

Si l'on juge convenable d'employer la chaleur artificielle, il faut la régler; car pour peu qu'elle s'élève au-dessus de 100° Réaumur (212 Farenheit), eau bouillante, l'hydrogène et l'oxigène se combinent et forment de l'eau, le bois s'affaiblit, et si la chaleur continue, il finit par se carboniser. Le chêne qui a été séché par des moyens artificiels, attire et absorbe l'humidité de l'atmosphère. On mit pendant quelques jours du bois très-sec dans un four qui fut maintenu à 100° Farenheit, sa pesanteur diminua beaucoup; mais après avoir été exposé pendant quelque tems sous un hangar, à l'influence de l'air, il absorba une quantité d'humidité suffisante pour revenir au degré de pesanteur qu'il avait avant d'être soumis à ce haut point de chaleur. Il est bon de remarquer que tout bois qui n'est pas imprégné de la quantité d'humidité convenable perd sa ténacité, se sépare aisément fibre par fibre, et finit par devenir friable entre les doigts lorsqu'il est parvenu à une entière sécheresse.

Le chêne sèche plus ou moins vite et plus ou moins complètement, selon les rapports entre les surfaces exposées et les volumes des pièces; mais l'évaporation des tubes longitudinaires est bien plus grande que celle des tubes latéraux.

D'après un examen attentif de ce qui concerne les bois, la meilleure manière de les dessécher et de prévenir leur dépérissement pendant cette opération, semble être de les tenir à l'air dans un état d'humidité modérée, et de les mettre à l'abri de la pluie et du soleil par un toit élevé au-dessus de leur surface, à une hauteur suffisante pour empêcher, conjointement avec le secours de quelques autres moyens, qu'ils ne soient frappés par un courant d'air trop rapide.

Une expérience a prouvé la justesse de cette opinion d'une manière incontestable. Vers le milieu de l'année 1814, on forma une pile de bois dans l'arsenal de Deptfort, d'après le plan et sous les yeux de M. Sowerby. Elle fut élevée selon la méthode suivante : seize piliers en briques avec des chapitaux de pierre étaient placés en quatre rangées, sur une aire pavée et formant un plan incliné pour l'écoulement des eaux de pluie. Ces chapitaux avaient un mètre de hauteur sur deux mètres de séparation. Sur chaque pilier on mit deux saumons de fer qui, ayant 0 m. 162 carrés et près d'un mètre de longueur, donnèrent 1 mètre 324 d'élévation aux supports. Sur ceux-ci on plaça, en guise de cales, des pièces de bois de chêne travaillées sur le droit, qui étaient croisées par d'autres pièces, avec une très-grande séparation entre chacune, et par ce mode d'arrimage la pile eut quelques rangs de hauteur. Le bois resta dans cet état jusqu'au mois de juin 1820, l'espace de cinq ans; à cette époque il fut enlevé pour être mis en œuvre. Quoiqu'il fut un peu déchiré, il semblait très-sain à l'extérieur; mais tout l'intérieur, lorsqu'on y mit l'outil, fut trouvé plus ou moins détérioré, excepté dans les endroits où les pièces avaient été croisées. Le cœur des diverses pièces ressemblait à l'aubier tendre et spongieux ; mais on ne découvrit aucune apparence de champignons, soit au-dedans soit au dehors. Il paraît certain que l'influence de l'air ferma rapidement les vaisseaux extérieurs du bois, et empêcha de la sorte l'évaporation des sucs, qui étant en assez grande quantité pour produire la fermentation, le décomposèrent.

Emploi des moyens chimiques pour prolonger la durée du bois.

La durée du bois de teek, de l'ébénier, du gayac et de quelques autres bois, a provoqué l'examen des parties qui les composent et des propriétés auxquelles cet effet peut s'attribuer. Le bois qui, dans toutes les circonstances possibles reste le plus long-tems sans altération apparente, tel que le teek, le gayac, etc., abonde généralement en matières oléagineuses et résineuses qui, étant insolubles dans l'eau, résistent à ses effets et préviennent toute décomposition. La plus grande partie des substances auxquelles on connaît des propriétés antiseptiques, et quelquefois ces mêmes substances combinées avec d'autres ayant des propriétés septiques, ont été proposées et fréquemment essayées dans le but de rendre indestructibles les bois que l'expérience a prouvé être sujets à se détériorer promptement lorsqu'ils sont dans leur état naturel. Voici les noms des principaux ingrédiens qui ont été recommandés et en partie essayés pour empêcher le bois de se décomposer et les champignons de croître.

Sulf. de cuiv.	Sulfate de baryte.	Carbonate de baryte.	Huile végét.	Colle animale
Id. de fer.	*Id.* d'alun.	Acide sulfur.	*Id.* animale.	Cire *id*
Id. de zinc.	*Id.* de soude.	Acide de goudron.	Résines.	Sublimé corrosif.
Id. de chaux.	Carbonate de soude.	Sel neutre.	Muriate de soude.	Nitrate de potasse.
Id. de magnésie.	Carbonate de potasse.	Sélénite.	Chaux vive.	Marcassite.
				Tourbe.

Quelques personnes dépourvues de connaissances chimiques ont recommandé comme préservatifs des ingrédiens qui, s'ils avaient été mis en usage, eussent été décomposés par le tannin, ou par l'acide gallique renfermé dans le chêne et fussent devenus, sinon préjudiciables, du moins inutiles.

Comme la détérioration du bois provient fréquemment de ce qu'il fermente et finit par se putréfier, et comme les acides violens sont reconnus propres à arrêter les progrès de la putréfaction, Rud, vers l'année 1740, proposa de le laisser quelques tems séjourner dans l'eau de goudron; mais il paraît qu'à cette époque on ne fit aucune expérience pour s'assurer de l'efficacité de ce moyen : un expérimentateur en fit l'essai en 1820, en faisant ensuite bouillir le bois dans de l'huile de goudron végétal, cette expérience n'amena aucun résultat, le bois ainsi préparé ne dura point davantage que le bois ordinaire.

Le muriate de soude attira l'attention, comme propre à prévenir la destruction du bois en raison de ses propriétés antiputrides lorsqu'on l'emploie en grande quantité. M. Jackson recommanda, en 1767, de mêler ce sel avec de la chaux, de la couperose, de l'alun, du sel d'epsum et d'en mettre dans l'eau de mer la quantité qu'elle pourrait contenir en dissolution, d'y tremper les bois et d'employer dans un grand nombre de circonstances le secours de la chaleur; cet essai a été tenté sur un grand nombre de bois, il n'a amené aucun résultat, il fut même reconnu que ces moyens avançaient la destruction des bois.

Nous ne suivrons pas la série des expériences qui furent faites : il suffira de dire qu'elles échouèrent toutes pour la plupart, on ne crut apercevoir quelqu'amélioration que dans l'emploi du bois qui avait été saturé d'huile ; mais on éprouva une grande difficulté à faire pénétrer l'huile plus profondément que quelques pouces.

M. Neuman, menuisier d'Hanovre, a inventé un appareil au moyen duquel il produit le dessèchement du bois et le met en état d'être employé en fort peu de tems, et le rend à beaucoup d'égards supérieur à celui dont la dessiccation a été faite spontanément; l'appareil, très simple, ne consiste que dans un fourneau et une caisse de bois.

Le fourneau est composé d'un large cendrier , d'une forte grille de fer, destinée à porter le combustible, et d'une grande chaudière de métal cimentée dans une maçonnerie et à laquelle on a ajouté à la partie supérieure un cercle formant une espèce de chapiteau rond, à la manière des anciens alambics ; à un des côtés latéraux de ce couvercle, est un tuyau de métal dont l'orifice communique à la caisse, un gros robinet à la partie inférieure de la chaudière et des conduits d'air établis dans l'intérieur de la maçonnerie terminent cet appareil.

La caisse est en bois de chêne, de forme carrée et d'une capacité déterminée de manière à pouvoir y placer des bois de toute dimension , le fond est légèrement incliné et creusé de plusieurs rigoles qui servent à l'écoulement des eaux. Les pièces d'assemblage de la caisse sont solidement mastiquées, et la partie supérieure est fermée à charnières afin qu'elle puisse être ouverte facilement. Les bois que l'on veut dessécher doivent être d'abord débités et leur forme calculée, pour qu'on puisse les placer les uns sur les autres, les séparer entre eux par des cales et faciliter leur contact avec l'air : l'appareil ainsi monté et fermé est maintenu solidement au moyen d'un crochet de fer.

On remplit la chaudière d'eau pure, on y adapte le chapiteau et l'on établit le tube latéral de façon qu'il puisse communiquer avec la caisse; on échauffe le liquide jusqu'à l'ébulition. L'eau réduite en vapeur par la chaleur, ne trouvant d'autre issue que par le tuyau, doit nécessairement pénétrer dans la caisse, s'y raréfier, et, dans son contact avec le bois, le pénétrer, en dilater les pores et produire une lixiviation qui extrait une partie des principes colorans, et les entraîne ensuite sous la forme d'un liquide fortement coloré, d'une forte saveur empyreumatique.

On conçoit que ces fumigations aqueuses ne doivent être continuées que jusqu'à un certain point, et qu'il existe un terme au-delà duquel l'effet serait nuisible et altèrerait sensiblement la fibre végétale; l'expérience a démontré que ce terme est celui où l'eau qui s'écoule du fond de la caisse cesse d'être colorée et devient blanche et limpide : c'est alors qu'il convient de démonter l'appareil, d'aérer de toutes parts et de transporter les bois dans un lieu spacieux où on les laisse environ deux mois pour que l'eau dont ils sont imprégnés se volatilise et qu'ils prennent les qualités nécessaires pour être employés. Cette opération dure ordinairement

4

trois jours et trois nuits. Cependant ce terme n'est pas rigoureusement nécessaire et dépend des circonstances et des lieux. L'inventeur prétend que le bois, ainsi préparé, jouit de l'avantage d'être inattaquable aux vers.

Cette méthode a l'inconvénient de dissoudre l'acide gallique, et l'acide gallique est une des parties constituantes du bois dont il ne convient pas de le priver ; dès 1774, on fit dans les arsenaux des épreuves en plongeant dans des espèces d'auges remplies d'eau bouillante, les planches qu'on voulait sécher promptement étaient portées à l'étuve, ou selon la dénomination qu'on lui donne quelquefois, au bain de sable de M. Cumberland, dont l'usage s'était répandu en Hollande : mais des grains de sable s'ensèrent dans les fentes du bois et sont une cause de destruction pour les outils employés à mettre le bois en œuvre.

Assez ordinairement les tonneliers achètent le merrain au *millier assorti*. Ce millier est composé de quatorze cents doiles et de sept cents traversins propres à faire des *maîtresses pièces* et des *chanteaux*, ce qui fait deux mille cent pour l'assortiment, le prix de ce millier est sujet à trop de variations pour que nous puissions le fixer; il hausse quand le bois est de bonne qualité ou que la récolte s'annonce bien ; il baisse si les vignes ont gelé ou si le bois n'a pas toutes les qualités requises.

Ce que nous disons là n'est applicable qu'au merrain ordinaire, celui qui sert à faire des pipes et autres gros tonneaux : il y en a qui a jusqu'à 1 mètre 499, d'autres de 1 mètre 054, d'autres de 0,833. La largeur varie entre 0,111 et 0,332, l'épaisseur entre 0,014 et 0,021, ces dimensions doivent excéder un peu la longueur des pièces qu'on en doit former pour que le tonnelier puisse soustraire une partie des planches si elles sont défectueuses, et pour qu'il puisse égaliser : il y a encore d'autres merrains pour les cuves et les cuviers ; mais ces derniers se font plus ordinairement en sapin.

Quant aux bois dont les cercles sont formés ce sont, comme nous l'avons dit au commencement, le châtaignier et le jeune chêne, dit *paisseau* dans certaines provinces, qui fournissent le meilleur. Le noisetier, s'il était plus abondant, fournirait d'excellents cercles, mais il ne peut suffire aux besoins de la consommation; le noyer blanc, l'orme, le merisier, l'épine et autres bois, peuvent encore servir à cet usage ; mais ils y sont moins spécialement propres, on emploie aussi les jeunes branches du mûrier : ce bois est très tendre et pliant, et fournit principalement les petits cerceaux qui servent à relier les barils. On se sert aussi du frêne avec assez d'avantage, puis enfin à défaut des bois ci-dessus détaillés on emploie le bouleau, l'orme, le saule, le peuplier et autres bois blancs, mais l'usage en est restreint, parce qu'ils sont fort sujets à la pourriture. En général on a recours pour cette fabrication aux jeunes taillis dont les pousses sont coupées tous les dix à douze ans.

Quant à l'osier employé pour la ligature des cerceaux c'est l'osier rouge des vignes qui est seul en usage, nous verrons plus bas la manière de le fendre, de le préparer et de le conserver.

Autres connaissances théoriques que le tonnelier doit posséder.

Avant d'entrer dans l'exposé des opérations manuelles

et pratiques du tonnelier, il convient de lui donner les renseignemens dont il aura besoin à chaque instant dans le cours de ses travaux. Nous commencerons par une nomenclature expliquée des termes de la géométrie, dont il est bon qu'il ait une connaissance; puis nous lui ferons connaître quelques opérations simples au moyen desquelles il pourra se rendre compte de la capacité des vases qui lui sont demandés.

Termes de géométrie.

Le point est un espace infiniment petit en superficie et en épaisseur. Le point géométrique ne peut tomber sous les sens : on l'exprime par le point physique qui s'indique avec le bec de la plume, ou la pointe d'un compas ou d'un crayon. Le *point de section* est celui où deux lignes se croisent, se coupent; le *point de contact* ou *point tangeant* est celui où elles se touchent; le point de centre est celui qui est également éloigné de toutes les parties d'une circonférence (V. fig. 12, et *a b* fig. 11, *a* est le point de centre; *b*, le point tangent).

Les lignes sont des longueurs sans largeur ni épaisseur, indiquant le passage d'une plume, d'un crayon ou d'une pointe à tracer, d'un point à un autre point; la ligne n'est point toujours *tracée*, elle peut être *idéale*.

Les lignes sont droites ou courbes.

La droite est la plus courte par laquelle on parvient d'un point à un autre point (V. fig. 3).

La courbe va d'un point à un autre après avoir décrit une portion de cercle et s'être d'une façon ou d'une autre écartée de la ligne droite (fig. 4).

La *verticale* ou *d'aplomb* est celle qui se dirige de

haut en bas ou de bas en haut, sans pencher à droite ni à gauche, c'est celle que suit un corps pesant et livré à lui-même, qui tombe d'un endroit élevé; c'est celle qui est indiquée par le fil qui supporte un poids tenu suspendu; la verticale tend au centre de la terre, fig. 5, elle est perpendiculaire à la ligne horizontale.

La *perpendiculaire* est celle qui, s'élevant sur une autre ligne, forme avec elle un angle égal de chaque côté (fig. 6 *a*); il ne faut pas confondre la perpendiculaire avec la verticale, car une perpendiculaire suppose toujours une autre ligne, et peut n'être point verticale. La ligne horizontale, dont il sera parlé plus bas, est perpendiculaire à la verticale, comme la verticale est perpendiculaire à l'horizontale.

L'horizontale est celle qui suivrait le sol s'il était parfaitement plat, ou bien celle qui est parallèle à cette ligne idéale, l'eau tend toujours à suivre cette ligne (fig. 6 *b*).

La *parallèle* est toujours à une distance égale d'une autre ligne; la parallèle ne peut être isolée, elle suppose une autre ligne avec laquelle elle est en rapport. Deux lignes sont parallèles, lorsqu'elles peuvent être prolongées indéfiniment sans jamais se rencontrer, se rapprocher (fig. 7).

La *diagonale* divise un carré en deux triangles : toute ligne qui, passant par le centre d'une figure quelconque, va d'un angle à l'angle opposé, est diagonale. fig 10 *a*.

La ligne appelée *diamètre* est celle qui, tirée d'un des points d'une circonférence ou d'une ellipse, passe par le centre et va directement toucher le point opposé de cette même circonférence ou ellipse, et la partage en deux parties égales (fig. 8 *a*), le rapport du

4.

diamètre à la circonférence est comme 1 avec 3, c'est-à-dire qu'en développant la circonférence on trouve trois fois la longueur du diamètre dans la ligne développée.

La ligne appelée *rayon* part du centre et se rend à l'un des points de la circonférence, c'est la moitié du diamètre qui est composé de deux rayons (fig. 8 *b*).

La *corde* ou *sous-tendante* est une ligne droite qui coupe le cercle en deux parties qu'on nomme arcs (V. *a* fig. 9), quand la corde passe par le centre du cercle, elle prend le nom de diamètre, ainsi qu'on vient de le voir.

La *spirale* s'éloigne du centre en tournant autour, on la nomme vulgairement *colimaçon*, nous donnerons plus bas la manière de la tracer.

La *circonférence* est la ligne circulaire qui tourne autour d'un centre et dont tous les points en sont toujours à égale distance, la circonférence se divise en 360 degrés suivant l'ancienne mesure, et en 400 suivant la nouvelle qui n'est pas encore généralement adoptée, ce sont ces degrés qui servent à mesurer les angles, dont il sera parlé plus bas (V. fig. 8 *c*).

L'*arc* est une portion de la circonférence ou de l'ellipse déterminée par la corde ou sous-tendante. L'arc s'évalue en degrés lorsqu'il est portion de cercle (V. *b*, fig. 9).

La *tangente* est une ligne droite qui touche la circonférence sans y pénétrer (fig. 11).

La *sécante* est celle qui pénètre dans cette circonférence (fig. 12).

L'*hélice* est une ligne qui tourne autour d'un cylindre, en allant d'un bout à l'autre de ce cylindre (la vis est une hélice), fig. 13.

Les angles.

L'angle se forme par la rencontre de deux lignes (fig. 14).

Il y a trois sortes d'angles, le *rectiligne*, le *curviligne*, le *mixtiligne*.

Les angles rectilignes sont produits par la rencontre de lignes droites ; on en compte trois : l'angle *droit*, l'angle *aigu*, l'angle *obtus*.

L'angle droit a 90 degrés, c'est le quart de la circonférence, les lignes dont il est formé sont perpendiculaires l'une à l'autre (fig. 14.).

L'angle aigu a moins de 90 degrés (fig. 15).

L'angle obtus a plus de 90 degrés (fig. 16).

L'angle obtus a toujours en plus, ce que l'angle aigu a en moins de 90 degrés (V. fig. 15 et 16); on se sert pour mesurer la valeur des angles, c'est-à-dire, pour déterminer de combien de degrés de la circonférence ils sont ouverts, d'un instrument en corne ou en cuivre, qu'on nomme *rapporteur*; la moitié d'un angle droit est de 45 degrés : c'est l'angle que les ouvriers nomment *onglet*.

L'angle curviligne se forme par la rencontre de deux lignes courbes (V. fig. 17 et 18).

L'angle myxtiligne est formé par la rencontre d'une droite et d'une courbe (fig. 19).

C'est à l'aide des angles qu'on mesure les surfaces, les hauteurs, les distances, etc.

Polygones.

La *superficie* ou *surface*, est une étendue en longueur et en largeur, qui n'a point d'épaisseur; elle est déterminée par des lignes qui indiquent ses limites; elle prend son nom de la forme et du nombre de ces lignes, et se nomme *ronde*, *carrée*, *triangulaire*, etc., comme on le verra plus bas. On distingue trois principales surfaces : la *plane*, la *convexe*, la *concave*.

On appelle *polygone* toute surface déterminée par des lignes droites, et qui a plusieurs côtés; la plupart des polygones ont un nom spécial qui leur est affecté en raison de leur forme, le nom de polygone ne subsiste que pour les surfaces dont les formes inusitées n'ont point de nom particulier, tels sont les polygones irréguliers.

Les polygones réguliers sont ceux dont les angles et les côtés sont égaux.

Les polygones irréguliers sont ceux dont les angles et les côtés sont inégaux.

Parmi les polygones réguliers, on en compte dix qui ont un nom qui leur est propre, et qui peuvent être inscrits dans une circonférence; savoir :

Le *triangle*, qui a trois angles et trois côtés (fig. 21).

Le *quadrilatère* ou *carré*, qui a quatre angles et quatre côtés (fig. 22).

Le *pentagone*, qui a cinq angles et cinq côtés (fig. 23).

L'exagone, qui a six angles et six côtés (fig. 24).

L'eptagone, qui a sept angles et sept côtés (fig. 25).

L'*octogone* qui a huit angles et huit côtés (fig. 26).

L'*enneagone*, qui a neuf angles et neuf côtés (fig. 27).

Le *décagone*, qui a dix angles et dix côtés (fig. 28).

L'*undécagone*, qui a onze angles et onze côtés (fig. 29).

Enfin le *dodécagone*, qui a douze angles douze et côtés (fig. 30).

Les polygones ont encore beaucoup de noms que le tonnelier n'aura pas un intérêt direct à connaître. Si le besoin s'en présentait il faudrait qu'il ait recours au manuel de géométrie de M. *Terquem* : les seuls que nous pensons qu'il lui importe de connaître sont les variétés du triangle et du quadrilataire.

Le triangle.

Il se nomme *rectangle* s'il a un angle droit (fig. 31).

Ambligone s'il a un angle obtus (fig. 32).

Oxigone ou acutangle s'il a trois angles aigus (V. fig. 21); on le nomme aussi triangle *équilatéral* quand ses trois côtés sont égaux.

Isoscèle s'il n'a que deux côtés égaux (fig. 33).

Scalène si ses trois côtés sont inégaux (fig. 34).

Quadrilataires.

Le *carré long* , nommé parallélogramme, a quatre angles droits, et les deux côtés opposés égaux (fig. 35).

Le *rhombe* ou *Losange* a les quatre côtés égaux ; deux de ses angles opposés sont aigus, les deux autres, également opposés, sont obtus (V. fig 36).

Le *rhomboïde* a les deux côtés égaux opposés et parallèles, et les angles opposés égaux. (V. fig. 37).

Le *trapèze* a deux côtés égaux et deux autres côtés parallèles, mais inégaux; il a deux angles aigus et deux angles obtus (fig. 38).

Le *trapèzoïde* a ses quatre côtés inégaux et ses angles aigus et obtus de valeur différente (fig. 39).

Figures curvilignes.

Les figures composées de lignes courbes, se nomment *curvilignes* : on dit un triangle *curviligne* si ses trois côtés sont courbes.

Le *cercle a* (fig. 40), l'éllipse (fig. 41), l'ovale (fig. 42), sont des figures curvilignes.

Les figures composées de lignes de différentes espèces, se nomment *figures composées.* De ce nombre sont : le *demi-cercle* composé d'une ligne droite et d'une courbe (fig. 9).

Le *segment*, composé d'une portion de cercle qu'on appelle arc et d'une ligne droite qu'on appelle *corde* ou *sous-tendante* (fig. 43).

Le *secteur*, composé d'une portion de cercle et de deux rayons (V. fig. 44).

On appelle *concentrique* une figure composée qui n'a qu'un centre commun (V. fig. 24, 25, 26 etc., et fig. 45 des cercles *concentriques*).

L'*excentrique* est celle qui a plusieurs centres (fig. 46).

La *figure inscrite* est celle dont les angles touchent la circonférence d'un cercle (fig. 47).

La figure est *circonscrite* lorsque ce sont les côtés qui touchent la circonférence (fig. 48).

Les solides.

Les solides ont la longueur, la largeur, l'épaisseur : les principaux sont : le *cube* (fig. 49), la *sphère* (fig. 50), le *cylindre* (fig 51), le *prisme* (fig. 52), le cône (fig. 53), la *pyramide* (fig 54), le *parallélipipède* (fig 55).

Le *cube* offre un carré égal sur ses six faces.

La *sphère* ou *globe*, ou *boule*, n'a qu'une surface également distante dans toute son étendue d'un point rationnel situé dans le milieu de son intérieur, et qu'on nomme centre; le diamètre qui traverse une sphère en passant par le centre se nomme *axe*, *a* (fig. 50), les deux points opposés, où aboutit cet axe, se nomment *pôles*, *b b* même figure. On appelle *horizon* ou *équateur* un cercle imaginaire, figuré sur la sphère, de manière à ce que tous les points de ce cercle *c c* même figure soient également éloignés des deux pôles.

On appelle *grands cerles*, ceux dont les plans rencontrent le centre de la sphère.

On appelle *petits cercles*, ceux dont les plans s'éloignent de ce centre.

On trouve cinq solides réguliers dans la sphère : le *tétraèdre*, l'*exaèdre*, l'*octaèdre*, le *dodécaèdre* et l'*icosaèdre*.

Le *tétraèdre* a quatre faces, c'est la pyramide triangulaire (fig. 56).

L'*exaèdre* en a six : c'est le cube, le *dé* (fig. 49).

L'*octaèdre* a huit faces triangulaires (fig. 58).

Le *dodécaèdre* présente dans sa surface douze pentagones réguliers, égaux entre eux (fig. 59).

L'*icosaèdre* présente dans sa surface vingt triangles équilatéraux, égaux entre eux (fig. 59).

Le *cylindre* est un solide dont la base est une circonférence. Si on se figure un parallélogramme virant sur l'un des grands côtés comme *axe*, il aura produit le cylindre lorsque sa révolution sera achevée. Quand le cylindre a en hauteur moins que le diamètre de la base, il prend dans le sarts le nom de *tambour*. S'il n'a que le tiers de ce diamètre en hauteur, il prend le nom de *galet*; dans toutes ses hauteurs au-dessous du tiers de ce diamètre, il prend le nom de disque; enfin de rondelle, lorsque sa hauteur est peu appréciable.

La figure 51 représente un cylindre.

Le *prisme* est un solide dont la base est un triangle; comme le cylindre il conserve la forme de sa base dans toute sa longueur. Si les lignes qui déterminent les côtés cessaient d'être parallèles le prisme serait une *pyramide* si ces lignes finissaient par se rencontrer; ou une *pyramide tronquée*, si elles ne se rencontraient pas. Alors le triangle du sommet serait moins grand que celui de la base (V. fig. 52).

Le *parallelipipède* est un solide dont la base est un carré : comme le cylindre et le prisme, il conserve la forme de sa base dans toute sa hauteur : comme le prisme, il devient pyramide si les lignes d'élévation cessent d'être parallèles, et tendant à un point commun

Le *cône* est un solide dont la base est une circonférence et dont le sommet est un point, le cône est *droit* si la ligne d'axe qui s'élève du centre de la circonférence est perpendiculaire à ce plan, il est *oblique* si cette ligne est oblique à la base (V. fig. 53 et 66).

On ne peut couper le cône droit que de cinq manières, c'est ce qu'on nomme les *sections coniques*.

1°. Parallèlement à sa base (V. fig. 60), c'est le *cône tronqué*, la section donne le cercle *a*.

2o Obliquement (V. fig. 61), la section donne l'ellipse *a*.

3o Perpendiculairement à la base, en passant par le sommet (fig. 62), la section donne le triangle *a*.

4° Perpendiculairement à la base, passant par le

côté incliné (fig. 63), la section présente une *hyperbole.*

5° Parallèlement au côté (fig. 64), la section se nomme *parabole.*

Tout corps dont la base est un polygone et le sommet un point se nomme *pyramide* (V. fig. 54), la figure 65 est une pyramide inclinée.

Pour se faire une idée exacte des solides il faut les développer; c'est-à-dire, étendre sur un seul plan les surfaces qui les composent comme si ces surfaces étaient des feuilles de carton qu'il fut possible d'enlever.

La fig. 67, le développement du tétraèdre fig. 56, si l'on se figure pouvoir relever les trois triangles qui ont leur base sur le triangle du milieu, on formera la pyramide simple qui est le tétraèdre.

La figure 68 est le développement du *cube*, ou exaèdre (fig. 43.) Si on relève les quatre carrés qui font la croix on formera une boîte dont le carré du milieu sera le fond, le sixième carré qui se trouve au bas de la croix sera le dessus.

La figure 69 est le développement du parallèlipipède (fig. 55).

La fig. 70 est le développement de l'octaèdre (fig. 57).

La fig. 71 est le développement du dodécaèdre (fig. 58).

La fig. 72 est le développement de l'icosaèdre (fig. 59).

Quelques tracés fort simples que le tonnelier peut exécuter avec son compas, et qui lui seront souvent utiles.

Élever sur une horizontale une perpendiculaire formant deux angles droits.

Soit *a b* (fig. 73) l'horizontale sur laquelle on veut

élever une perpendiculaire au point *c*. De ce point comme centre, décrivez à volonté, avec le compas, le demi-cercle *d e f* qui coupe *a b* aux points *d f*, décrivez à volonté en écartant le compas, et en prenant *d* et *f* pour centres, les deux arcs *g h*, et de leur point d'intersection, le point où ils se croisent, à *c* tirez la ligne *i c*, elle sera perpendiculaire à *a b* et donnera deux angles droits ou équerres.

Élever une perpendiculaire à l'extrémité d'une ligne.

Soit le point *b*, fig. 74, celui sur lequel on veut élever la perpendiculaire *b c*. Prenez un point à volonté *d*, au-dessus de la ligne *e b*, ouvrez un compas de *d* en *b*, et prenant *d* pour centre, décrivez l'arc *e a b a c* qui coupe la ligne *e b* aux points *e b*, tirez du point *e* en passant par le point *d*, la ligne *e d c* jusqu'à ce qu'elle coupe l'arc *c a b e* au point *c*, de ce point à *b* menez la ligne *c b*, elle sera perpendiculaire à *e b*.

Tracer un cercle qui passe par trois points donnés.

A b c seront les points donnés, car il est clair que le tracé ne pourrait avoir lieu si les points étaient sur une seule ligne. Joignez deux à deux les points au moyen de lignes droites, et faites-en le triangle *a b c*, fig. 75, c'est ainsi qu'on pourra toujours reconnaître si l'opération est faisable : pour l'effectuer, il y a deux choses à trouver, le centre et le rayon. Or, la circonférence devant passer par *a b*, le centre doit se trouver à égale distance de *a* et de *b*, il sera donc sur *b* perpendiculaire à *a b* et au milieu ; par la même raison, il sera sur *f g*, perpendiculaire au milieu de *b c*, et par conséquent, l'intersection *h* des deux perpendiculaires, sera le centre cherché. Si on élevait une perpendiculaire au milieu de *a c*, elle devrait aussi passer par le centre, le tracé de cette troisième perpendiculaire est donc un moyen de vérifier l'exactitude de l'opération. Le centre *h* étant trouvé, il est visible que le rayon est la droite *h a*, ou la droite *h b*, ou la droite *h c*. Ce tracé est d'un fréquent usage; il arrive souvent dans la pratique que l'on connaît seulement quelques points de la circonférence qui doit être décrite : il suffit alors d'employer trois de ces points quelconques, comme nous venons d'employer *a b c*, pour que la circonférence passe par tous les autres.

Un cercle étant donné, en trouver le centre.

L'opération qui vient d'être faite, pourrait être appliquée à la résolution de ce problème. Les deux cordes *c b* et *a b*, même fig. 75, peuvent être placées en tout autre endroit de la circonférence, pourvu toutefois qu'elles ne soient point parallèles; car alors il n'y aurait point de croisement dans les perpendiculaires élevées sur ces cordes, et comme c'est ce croisement qui donne le centre, l'opération ne pourrait avoir lieu. Il faut que ces deux perpendiculaires forment autant que possible équerre entre elles, afin que l'endroit du croisement soit plus facilement et plus ponctuellement perceptible. La figure 76 fera d'ailleurs comprendre ce que nous venons d'avancer.

Soit *a* le cercle dont il s'agit de trouver le centre, soient *b c* et *d e* les deux cordes prises au hazard; on prendra le milieu *g*, de *b c*, puis, en ouvrant le compas, on fera le croisement *f*, et on tirera la ligne *f g* perpendiculaire à *b c* et au milieu. On répètera la même opération pour la corde *d e*, et du croisement *k*, au milieu de *d e*, on tirera la ligne *i k*; le centre se trouvera en *l* au croisement des lignes *i k*, *g f*.

Dans la pratique on divise la circonférence en quatre points, on tire deux lignes en croix par ces quatre points, et le centre se trouve à l'endroit du croisement; mais cette manière plus simple est moins précise que la précédente, et n'est pas toujours applicable, surtout lorsqu'il s'agit de très grands cercles.

Partager un arc a b c *fig.* 77, *en deux parties égales.*

Tirez la corde *a c;* du milieu de cette corde, élevez la perpendiculaire *d b;* le point *b* où cette perpendiculaire coupe l'arc est le milieu cherché.

Trouver le centre d'un triangle.

Nous avons démontré plus haut (V. fig. 75), comment on fait passer un cercle par trois points donnés; il ne s'agit pour trouver le centre du triangle que de l'inscrire dans un cercle, le centre du cercle sera celui du triangle. Cette règle s'appliquera de même à la recherche du centre de tout polygone régulier, puisqu'il s'agit de faire passer un cercle par trois de ses angles pour que le cercle les embrasse tous.

Manière de tracer une spirale.

Il y a une manière géométrique de tracer la spirale; mais nous ne la transcrirons pas parce qu'elle est longue et compliquée, et que cette courbe n'est pas très utile au tonnelier qui n'a jamais besoin de la tracer; il y a un moyen mécanique très simple que nous lui enseigner rons, parce qu'il pourrait servir, dans le cas que nous ne prévoyons pas, mais qui pourrait se rencontrer, où il aurait besoin d'une spirale. Ce moyen consiste à planter au centre de l'aire sur laquelle on veut tracer, un stil ou piquet invariable que l'on fera plus ou moins gros, selon que l'on voudra que la spirale soit plus ou moins rampante, on attache après ce stil une corde non élastique, qu'on fixe de manière à ce qu'elle ne puisse glisser sur le stil, et à l'autre bout de la corde, on attache une pointe à tracer ou un porte-crayon; on décrit alors, au moyen de la corde, une circonférence autour du point fixe; et dans cette action, la corde qui ne peut glisser sur le stil, s'enveloppe autour, et diminue incessamment le rayon, jusqu'à ce que le porte-crayon ou la pointe à tracer, vienne adhérer après le stil; par ce moyen, on a une spirale encore plus juste que par les moyens ordinairement mis en usage, car en changeant de centre, on fait un jarret à chaque quart de révolution : il est peu sensible il est vrai; mais enfin il existe, et dans la méthode enseignée, si on fait le stil conique, on peut arriver à une grande précision.

Manières de tracer une ellipse

1re *manière.* Tirez la ligne *a b* fig. 78; tracez un premier cercle dont le centre 1 sera pris sur cette ligne; prenant ensuite, sur la même ligne *a b*, le point où elle est coupée par le premier cercle, et vous servant de ce point marqué 2 sur la figure pour centre, tracez un second cercle : puis, des points marqués 3 et 4, tracez les deux arcs qui réuniront les deux cercles, et en feront une ellipse.

2e *manière.* Par le moyen que nous venons de décrire,

la largeur de l'ovale sera toujours la même, relativement à la longueur : et cette largeur serait souvent trop considérable, surtout s'il s'agissait de faire une baignoire ; en voici une autre qui permet de donner à cette figure telle proportion qu'on désire. Tracez la ligne horizontale *s t*, fig. 79, sur laquelle vous éleverez la perpendiculaire *u v* : coupez une planchette bien droite d'un côté et marquez-y de *z* à *k*, la distance *s x*, égale à la moitié du grand axe *s t*, puis la distance *z b* égale à la moitié du petit axe *u v*. Cet instrument disposé, placez-le sur les deux axes de l'ellipse, de façon que le point *k* réponde à la ligne du petit axe, et le point *l* à la ligne du grand axe ; faites-le circuler suivant ces lignes sans les quitter, et la ligne que parcourra le point *z*, formera le contour de l'ellipse.

3e *manière*. Les deux manières qui précèdent ne peuvent guère être applicables qu'aux petits tracés, mais s'il s'agissait de tracer de grands cintres, il faudrait avoir recours à d'autres opérations. La courbe représentée fig. 80, s'appelle aussi *anse de panier*, c'est la moitié d'une ellipse qu'on peut tracer entière par le même moyen.

Au lieu de partager la longueur *a b* en trois parties égales comme nous l'avons indiqué dans notre premier exemple (fig. 78), on la partagera en quatre. L'ellipse sera plus alongée. Les points de division extrêmes *c d*, seront deux centres. Pour avoir les deux autres, on tirera par le milieu de *a b* la perpendiculaire *e f* et l'on prendra *g e g f*, égaux chacun à *g d*. De cette construction il résultera que les arcs *h a i*, *i k*, *k b l*, *l h*, seront chacun de 90 degrés, puisque les angles *c f d e*, seront inscrits à la circonférence *g* et que leurs côtés passeront par les extrémités des diamètres de cette même circonférence.

4e *manière.* Elle est plus compliquée; mais elle produit une courbe d'un mouvement plus continu et d'un aspect plus agréable, nous ne pensons pas que le tonnelier y aura recours; cependant s'il voulait faire une baignoire d'une forme très élégante, peut-être se résoudrait-il à faire ce tracé plus difficile, et alors il nous saurait gré de le lui avoir indiqué. Nous ne ferons qu'un quart de l'ellipse pour abréger, et cela d'autant plus que lorsqu'on a le quart, on peut faire un gabarit et trouver l'ellipse entière.

Soit *a b*, fig. 81, la moitié de la longueur du grand axe, et *b c* la moitié de la longueur du petit axe de l'ellipse. Faites de *b* pour centre deux quarts de cercle, l'un ayant *b a* pour rayon, l'autre ayant *b c*. Divisez ces quarts de cercle en un nombre quelconque de parties égales, par les points de division de chaque arc menez des parallèles au rayon de l'autre, vous aurez les points *d e f* de la courbe demandée. Elevez alors une perpendiculaire au milieu de la droite *a d* et prenez le point *g* où elle coupe *a b* pour centre de l'arc qui doit joindre *a* et *d*, la rencontre de *d g* et de la perpendiculaire au milieu de la droite *d e* vous donnera le centre *h* de l'arc *d e* : l'intersection *i* de *e h* et de la perpendiculaire du milieu de la droite *e f*, est le centre de l'arc *e f* : enfin à l'intersection de *k*, de *f i* et de *b c*, prolongée, vous trouverez le centre de l'axe *f c*; c'est-à-dire que *f k* égale *k c* ou que la perpendiculaire *l* au milieu de la droite *c f* passe par le point *k*.

Si l'on augmentait le nombre de divisions, on rendrait encore plus faible la différence de deux rayons consécutifs et l'on pourrait obtenir une courbe encore plus agréable à l'œil. Si l'ellipse était achevée, il se trouverait six nouveaux centres placés deux à deux d trois autres angles droits que forment *a b*, *c* prolongemens de ces droites comme le font *h* l'angle droit *a b k*; mais on n'obtiendrait qu'un analogue à *g*, qu'un autre analogue à *k*; on aurai en tout douze centres différents et douze arcs, que les deux circonférences *b* contiendraient sei ties chacune. En général, le nombre d'arcs dont s pose l'éllipse entière tracée d'après ce procédé, jours de quatre unités au dessous du nombre des di qu'on fait dans chacune des circonférences entiè crites avec les rayons *a b*, *b c*, si par exemple, vise chaque quart de cercle en six parties égale circonférences entières en contiendront vingt-qu l'éllipse sera composée de vingt arcs différens.

Tracer un ovale.

Soit *a b*, fig. 82, la plus grande largeur de l on élèvera une perpendiculaire à cette droite et au *c* : on divisera l'une des moitiés en deux parties pour avoir *a d*, longueur des trois quarts de *a b* on portera cette longueur de *a* en *e*, et de *b* en *f* prolongement de *a b*. On décrit alors une circonf du point *e* avec *e b* ou *c a* pour rayon : on mar milieux *g h* des quarts de cercle *a i*, *b i*. Du po avec *b* pour rayon, on trace l'arc *b k*; puis, du p avec *a* pour rayon, on trace l'arc *a k*; ces deux a termineront le premier à la droite *f h k*, le sec la droite *e g k*. Des points *g* et *h*, avec *g k* pour rayons, on décrira deux arcs qui se coupen tuellement en *l*. Sur le prolongement de *c i*, on mar

ilieu m entre i et l, et par ce milieu on mènera les
les g n et h o qui se croiseront en m et s'arrêteront
deux derniers arcs k n, k o, enfin du point m avec
pour rayon, on décrira l'arc n o, l'ovale a k o l n
sera terminé.

'els sont les tracés dont le tonnelier aura le plus 'ent besoin, s'il se trouvait qu'il fut contraint d'avoir urs à d'autres dessins, il pourrait facilement y par- r en combinant entr'eux ceux dont nous venons de parler. Il convient maintenant de lui donner quelques es sur la manière de calculer les surfaces afin qu'il uisse rendre compte à l'avance de la quantité de bois lui faudra employer pour construire tel ou tel bre de futailles de telle ou telle dimension. Com- çons par l'opération la plus simple, le mesurage de iperficie d'un carré. On mesure un côté et on mul- e le nombre d'unités par lui-même.

i le carré a huit décimètres de côté, on multiplie 8 8 ce qui fait pour la totalité du carré 64 décimètres mètres 4 décimètres.

Mesurer un parallélogramme.

'opération est la même que pour le carré. On mesure ongueur et la largeur, et l'on multiplie l'une par l'autre. posons que le rectangle à mesurer ait 44 mètres sur rand côté et douze sur le petit côté, on multiplie- 4 par 12 et l'on aura 528 pour le nombre de mètres és compris dans ce rectangle.

Mesurer un triangle.

n abaisse une perpendiculaire du sommet à la base, au moyen de cette ligne, on mesure la hauteur du triangle, puis on mesure la base et l'on multiplie l'un des deux nombres par la moitié de l'autre. Si donc un triangle a six mètres de base sur cinq de hauteur, multipliez cinq par trois qui feront quinze, nombre des mètres carrés contenus dans le triangle.

Mesurer un Rhombe.

Le rhombe ou lozange étant composé de deux triangles unis par leur base, on conçoit qu'il devient très-facile à mesurer en répétant deux fois l'opération dont nous venons de parler.

Mesurer un trapèze.

On mesure séparément la partie carrée du parallélogramme, puis le triangle ou les triangles s'il y en a deux. Dans tous les cas un trapèze pouvant toujours être divisé en deux triangles, on fait cette division par une ligne et on mesure chacun des deux triangles. Que l'on ait agi de l'une ou de l'autre manière, on additionne les produits, et la somme est celle de la superficie du trapèze.

Mesurer un polygone.

Divisez les triangles par des diagonales tirées d'un même sommet, mesurez chaque triangle, additionnez ensemble tous les produits, la somme totale donnera la mesure du polygone.

Mesurer une circonférence.

Prenez la mesure de la cironférence et multipliez-la par la longueur du rayon qui est le sixième, vous aurez à bien peu de chose près la mesure de la superficie totale de la circonférence.

Noms et capacités des nouvelles mesures en bois pour les graines et autres matières sèches.

Double boisseau...........	Quart d'hectolitre.
Boisseau..................	Huitième d'hectolitre.
Demi-boisseau............	Seizième d'hectolitre.
Quart de boisseau.........	Trente-deuxième d'hectolitre.

Pour les liquides.

Centilitre; on peut se le représenter comme un petit verre à eau-de-vie.

Décilitre, dix fois le centilitre, à peu près l'équivalent d'un verre ordinaire.

Litre, dix décilitres, capacité d'un décimètre cube, c'est-à dire d'une boîte carrée qui aurait un décimètre à l'intérieur en longueur, largeur et profondeur : il diffère peu du litron et de la pinte de Paris, et est destiné à mesurer les liquides, les graines et autres matières sèches.

Décalitre, qui contient dix litres : il peut remplacer la velte.

Hectolitre, qui contient dix décalitres (environ 107 pintes un tiers mesure de Paris.)

Le *double hectolitre* contient 200 litres.

Le *kilolitre* contient 1000 litres : c'est le mètre cube. Mais on ne fait presque jamais cette mesure qui serait trop lourde pour être facilement remuée.

Tableau de conversion des anciennes mesure. nouvelles.

Lig.	Mèt.
1	0,002
2	0,005
3	0,007
4	0,009
5	0,011
6	0,014
7	0,016
8	0,018
9	0,020
10	0,023
11	0,025

Po.	Lig.	Mèt.
1	0	0,027
1	2	0,032
1	4	0,036
1	6	0,041
1	8	0,045
1	10	0,050
2	0	0,054
2	2	0,059
2	4	0,063
2	6	0,068
2	8	0,072
2	10	1,077
3	0	0,081
3	2	0,086
3	4	0,090
3	6	0,095
3	8	0,099
3	10	0,104
4	0	0,108
4	2	0,113
4	4	0,117
4	6	0,122
4	8	0,126
4	10	0,131
5	0	0,135
5	2	0,140
5	4	0,144
5	6	0,149
5	8	0,153
5	10	0,158
6	0	0,162

Po.	Lig.	Mèt.
6	2	0,167
6	4	0,171
6	6	0,176
6	8	0,180
6	10	0,185
7	0	0,189
7	2	0,194
7	4	0,198
7	6	0,203
7	8	0,207
7	10	0,212
8	0	0,217
8	2	0,221
8	4	0,226
8	6	0,230
8	8	0,235
8	10	0,239
9	0	0,244
9	2	0,248
9	4	0,253
9	6	0,257
9	8	0,262
9	10	0,266
10	0	0,271
10	2	0,275
10	4	0,280
10	6	0,284
10	8	0,289
10	10	0,293
11	0	0,298
11	2	0,302
11	4	0,307
11	6	0,311
11	8	0,316
11	10	0,320

Pi.	Po	Lig.	Mèt.
1	0	0	0,325
1	0	2	0,329
1	0	4	0,334
1	0	6	0,338
1	0	8	0,343
1	0	10	0,347
1	1	0	0,352

Pi.	Po.	Lig.
1	1	2
1	1	4
1	1	6
1	1	8
1	1	10
1	2	0
1	2	2
1	2	4
1	2	6
1	2	8
1	2	10
1	3	0
1	3	2
1	3	4
1	3	6
1	3	8
1	3	10
1	4	0
1	4	2
1	4	4
1	4	6
1	4	8
1	4	10
1	5	0
1	5	2
1	5	4
1	5	6
1	5	8
1	5	10
1	6	0
1	6	2
1	6	4
1	6	6
1	6	8
1	6	10
1	7	0
1	7	2
1	7	4
1	7	6
1	7	8
1	7	10
1	8	0
1	8	2
1	8	4

Po.	Lig.	Mèt.	Pi.	Po.	Lig.	Mèt.	Pi.	Po.	Lig.	Mèt.
	6...	0,555	2	4	8...	0,776	3	0	10...	0,997
	8...	0,559	2	4	10...	0,781	3	1	0...	1,002
	10...	0,564	2	5	0...	0,785	3	1	2...	1,006
	0...	0,568	2	5	2...	0,790	3	1	4...	1,011
	2...	0,573	2	5	4...	0,794	3	1	6...	1,015
	4...	0,577	2	5	6...	0,799	3	1	8...	1,020
	6...	0,582	2	5	8...	0,803	3	1	10...	1,024
	8...	0,587	2	5	10...	0,808	3	2	0...	1,029
	10...	0,596	2	6	0...	0,812	3	2	2...	1,033
	0...	0,591	2	6	2...	0,817	3	2	4...	1,038
	2...	0,600	2	6	4...	0,821	3	2	6...	1,042
	4...	0,605	2	6	6...	0,826	3	2	8...	1,047
	6...	0,609	2	6	8...	0,830	3	2	10...	1,051
	8...	0,614	2	6	10...	0,835	3	3	0...	1,056
	10...	0,618	2	7	0...	0,839	3	3	2...	1,060
	0...	0,623	2	7	2...	0,844	3	3	4...	1,065
	2...	0,627	2	7	4...	0,848	3	3	6...	1,069
	4...	0,632	2	7	6...	0,853	3	3	8...	1,074
	6...	0,636	2	7	8...	0,857	3	3	10...	1,078
	8...	0,641	2	7	10...	0,862	3	4	0...	1,083
	10...	0,645	2	8	0...	0,866	3	4	2...	1,087
0	0...	0,650	2	8	2...	0,871	3	4	4...	1,092
0	2...	0,654	2	8	4...	0,875	3	4	6...	1,096
0	4...	0,659	2	8	6...	0,880	3	4	8...	1,101
0	6...	0,663	2	8	8...	0,884	3	4	10...	1,105
0	8...	0,668	2	8	10...	0,889	3	5	0...	1,110
0	10...	0,672	2	9	0...	0,893	3	5	2...	1,114
1	0...	0,677	2	9	2...	0,898	3	5	4...	1,119
1	2...	0,681	2	9	4...	0,902	3	5	6...	1,123
1	4...	0,686	2	9	6...	0,907	3	5	8...	1,128
1	6...	0,690	2	9	8...	0,911	3	5	10...	1,132
1	8...	0,695	2	9	10...	0,916	3	6	0...	1,137
1	10...	0,699	2	10	0...	0,920	3	6	2...	1,141
2	0...	0,704	2	10	2...	0,925	3	6	4...	1,146
2	2...	0,708	2	10	4...	0,929	3	6	6...	1,150
2	4...	0,713	2	10	6...	0,934	3	6	8...	1,155
2	6...	0,717	2	10	8...	0,938	3	6	10...	1,159
2	8...	0,722	2	10	10...	0,943	3	7	0...	1,164
2	10...	0,726	2	11	0...	0,947	3	7	2...	1,169
3	0...	0,731	2	11	2...	0,952	3	7	4...	1,173
3	2...	0,735	2	11	4...	0,956	3	7	6...	1,178
3	4...	0,740	2	11	6...	0,961	3	7	8...	1,182
3	6...	0,744	2	11	8...	0,965	3	7	10...	1,187
3	8...	0,749	2	11	10...	0,970	3	8	0...	1,191
3	10...	0,753	3	0	0...	0,975	3	8	2...	1,196
4	0...	0,758	3	0	2...	0,979	3	8	4...	1,200
4	2...	0,762	3	0	4...	0,984	3	8	6...	1,205
4	4...	0,767	3	0	6...	0,988	3	8	8...	1,209
4	6...	0,771	3	0	8...	0,993	3	8	10...	1,214

Pi.	Po.	Lig.	Mèt.	Pi.	Po.	Lig.	Mèt.	Pi.	Po.	Lig.	Mèt.
3	9	0...	1,218	4	5	2...	1,439	5	1	4...	1,660
3	9	2...	1,223	4	5	4...	1,444	5	1	6...	1,665
3	9	4...	1,227	4	5	6...	1,448	5	1	8...	1,669
3	9	6...	1,232	4	5	8...	1,453	5	1	10...	1,674
3	9	8...	1,236	4	5	10...	1,457	5	2	0...	1,678
3	9	10...	1,241	4	6	0...	1,462	5	2	2...	1,683
3	10	0...	1,245	4	6	2...	1,466	5	2	4...	1,687
3	10	2...	1,250	4	6	4...	1,471	5	2	6...	1,692
3	10	4...	1,254	4	6	6...	1,475	5	2	8...	1,696
3	10	6...	1,259	4	6	8...	1,480	5	2	10...	1,701
3	10	8...	1,263	4	6	10...	1,484	5	3	0...	1,703
3	10	10...	1,268	4	7	0...	1,489	5	3	2...	1,710
3	11	0...	1,272	4	7	2...	1,493	5	3	4...	1,714
3	11	2...	1,277	4	7	4...	1,498	5	3	6...	1,719
3	11	4...	1,281	4	7	6...	1,502	5	3	8...	1,723
3	11	6...	1,286	4	7	8...	1,507	5	3	10...	1,728
3	11	8...	1,290	4	7	10...	1,511	5	4	0...	1,732
3	11	10...	1,295	4	8	0...	1,516	5	4	2...	1,737
4	0	0...	1,299	4	8	2...	1,520	5	4	4...	1,741
4	0	2...	1,304	4	8	4...	1,525	5	4	6...	1,746
4	0	4...	1,308	4	8	6. .	1,529	5	4	8...	1,750
4	0	6...	1,313	4	8	8...	1,534	5	4	10...	1,755
4	0	8...	1,317	4	8	10...	1,538	5	5	0...	1,759
4	0	10...	1,322	4	9	0...	1,543	5	5	2...	1,764
4	1	0...	1,326	4	9	2...	1,547	5	5	4...	1,768
4	1	2...	1,331	4	9	4...	1,552	5	5	6...	1,773
4	1	4...	1,335	4	9	6...	1,556	5	5	8...	1,777
4	1	6...	1,340	4	9	8...	1,561	5	5	10...	1,782
4	1	8...	1,344	4	9	10...	1,565	5	6	0...	1,787
4	1	10...	1,359	4	10	0...	1,570	5	6	2...	1,791
4	2	0...	1,353	4	10	2...	1,574	5	6	4...	1,796
4	2	2...	1,358	4	10	4...	1,579	5	6	6...	1,800
4	2	4...	1,362	4	10	6...	1,583	5	6	8...	1,805
4	2	6...	1,367	4	10	8...	1,588	5	6	10...	1,809
4	2	8...	1,371	4	10	10...	1,593	5	7	0...	1,814
4	2	10...	1,376	4	11	0...	1,597	5	7	2...	1,818
4	3	0...	1,380	4	11	2...	1,602	5	7	4...	1,823
4	3	2...	1,385	4	11	4...	1,608	5	7	6...	1,827
4	3	4...	1,389	4	11	6...	1,611	5	7	8...	1,832
4	3	6...	1,394	4	11	8...	1,615	5	7	10...	1,836
4	3	8...	1,399	4	11	10...	1,620	5	8	0...	1,841
4	3	10...	1,403	5	0	0...	1,624	5	8	2...	1,845
4	4	0...	1,408	5	0	2...	1,629	5	8	4...	1,850
4	4	2...	1,412	5	0	4...	1,633	5	8	6...	1,854
4	4	4...	1,417	5	0	6...	1,638	5	8	8...	1,859
4	4	6...	1,421	5	0	8...	1,642	5	8	10...	1,863
4	4	8...	1,426	5	0	10...	1,647	5	9	0...	1,868
4	4	10...	1,430	5	1	0...	1,651	5	9	2...	1,872
4	5	0...	1,435	5	1	2...	1,656	5	9	4...	1,877

Pi.	Po.	Lig.	Mèt.	Pi.	Po.	Lig.	Mèt.	Pi.	Po.	Lig.	Mèt.
5	9	6...	1,881	5	10	6...	1,908	5	11	6...	1,935
5	9	8...	1,886	5	10	8...	1,913	5	11	8...	1,940
5	9	10...	1,890	5	10	10...	1,917	5	11	10...	1,944
5	10	0...	1,893	5	11	0...	1,922	6	0	0...	1,949
5	10	2...	1,899	5	11	2...	1,926	6	1	11...	2,001
5	10	4...	1,904	5	11	4...	1,931				

Réduction des anciens pieds en mètres.

Pieds.	Mètres.	Pieds.	Mètres.	Pieds.	Mètres.
1........	0,325	8........	2,599	60........	19,490
2........	0,650	9........	2,924	70........	22,739
3........	0,975	10........	3,248	80........	25,987
4........	1,299	20........	6,497	90........	29,235
5........	1,624	30........	9,745	100........	32,484
6........	1,949	40........	12,994	500........	162,420
7........	2,274	50........	16,242	1000........	324,839

Avec les tableaux de réduction qui précèdent, l'ouvrier sera toujours à même de réduire en mètres les anciennes mesures, qui ne sont pas du tout commodes pour le calcul. Il fera bien de se mettre au fait des mètres, qui ont l'avantage de se diviser en parties minimes, un millimètre étant la moitié d'une ligne ; ce qui permet de mettre beaucoup plus de précision dans les mesures qu'on prend.

Si le tonnelier veut se faire une mesure de litre qui lui serve de point de départ pour faire ses brocs et ses barils, et avec laquelle il puisse, à défaut de calcul, vérifier la capacité d'un vase dont la courbe est difficile à jauger, il peut faire avec cinq petits morceaux de doile un étalon de litre. Voici comment il devra s'y prendre : il dressera bien une doile, ayant juste un décimètre de largeur, il coupera cette doile en quatre parties, dont deux ayant exactement un décimètre de longueur, et deux ayant également un décimètre; mais de plus, chacune, deux fois en plus l'épaisseur du bois. Ce surplus de longueur sera pour l'assemblage qu'il pourra faire avec des pointes, il formera avec ces quatre planchettes, une boîte ayant exactement un décimètre en carré et en hauteur : il y mettra un fond bien dressé; cette boîte pleine de grès pilé ou de graine de navette, lui servira de gabarit pour en faire d'autres auxquelles il donnera la forme qu'il voudra; et dont il pourra vérifier la capacité en les remplissant avec la même matière contenue dans sa boîte carrée. Il verra de la sorte, quelle dimension doit avoir un broc de huit, dix ou douze litres.

Table des tonneaux des différens pays, avec leur contenance en veltes et en litres.

	Velt.	lit.
Baril de Madère...	2...	15
Baril de Malaga...	4...	30
Baril d'Alicante....	5...	38
Tierçon, ou demi-caque champ....	7...	53
Sixains..........	8...	60
Quart-muid ou demi-feuillette.....	9...	68
Quartaut, champ ou caque..........	12...	91
Demi-queue Villenauxe..........	23...	175
Demi-queue Champagne..........	24...	183
Demi-queue Château-Thierry....	24...	183
Demi-queue Freusier	27 1/2	208
Demi-queue Reims.	26...	198
Demi-queue Renaison...........	26 1/2	201
Demi-queue Bordelaise...........	26 1/2	201
Demi-queue St-Dizier...........	28...	213
Demi-queue de l'Hermitage....	27...	215
Demi-queue de Cahors...........	29...	221
Demi-queue de Ricey...........	[illegible]	[illegible]
Demi-queue de Grosbard...........	29 1/2	224
Demi-queue la Chaise	29...	221
Demi-queue de Sancerre...........	29...	221
Demi-queue de Gâtinais..........	29...	221
Barrique ou tiercerolle..........	30...	228
Muid de Cahors...	39...	297
Quartaut de Mâcon	14...	106
Quartaut d'Orléans	15...	114
Quartaut de Beaune	15...	114
Quartaut Châlonnais	15...	114
Quartaut Vouvray..	16 1/2	125
Quartaut Auvergne.	18...	137
Demi-queue de Mâcon............	28...	213
Demi-queue de Montigny...........	28..	213
Demi-queue de Charlieux..........	28...	213
Demi-queue Garenne-du-Sel......	28 1/2	217
Demi-queue Châlonnaise..........	29 1/2	224
Demi-queue de Beaune........	30...	228
Demi-queue d'Orléans...........	30...	[illegible]

	Velt.	Lit.
Demi-queue de Pouilly	30	228
Demi-queue de Condrieux	33	251
Demi-queue Bâtarde	31	236
Demi-queue de Sologne	31	236
Demi-queue de Chinon	32	243
Demi-queue Nantaise	32	243
Demi-queue de Blois	31	236
Demi-queue d'Anjou	32	243
Demi-queue de Montlouis	32	243
Demi-queue du Cher	32	243
Demi-queue de Touraine	32 1/2	247
Demi-queue Vauvrai	33 1/2	255
Demi-queue grosse Vauvrai	34	259
Demi-queue Auvergne (Bis)	35	265
Demi-queue Auvergne (Haute)	37	280
Demi-queue d'Auvergne	39	297
Demi-queue de Languedoc	36	274
Demi-queue St-Gilles	38	289
Muid d'Orléans	38	289
Muid de Bourgogne	39	297
Muid rapé	40	304
Muid gros	42	320
Muid très gros rapé	45	342
Muid très gros Bourgogne	46	350
Demi-muid ou feuillette de Bourgogne	18	137
Feuillette de Bourgogne	19	144
Demi-muid gros	20	152
Demi-muid très gros	22	167
Muid de Roussillon	62	472
Muid de Languedoc	59	460
Muid de Montpellier	67	510
Pipe de Languedoc	70	533
Barbantane	74	563
Quart-bottes	14	106
Quartant Tiercerolles	15	114
Quartaut Russe	16	122
Demi-bottes	29	221
Busse de Saumur	30 1/2	232
Busse d'Anjou	33	251
Bussard	46	350
Petit muid de Languedoc	48	365
Muid du Rhône	38	288
Muid Français	36	274
Muid St-Gilles	50	380
Pipe de Nantes	71	540
Pipe d'Anjou	63	480
Pipe de Coignac	82	624
Pipe de la Rochelle	70	533

Dimensions à donner aux futailles, d'après le systême métrique.

Dans les pièces Bordelaises, la longueur, le diamètre du bouge et le diamètre des fonds, doivent être de 11 pour la longueur intérieure, neuf pour le diamètre intérieur du bouge et sept plus sept-huitièmes, pour le diamètre intérieur des fonds.

La façon des pièces mâconnaises est moins effilée :

longueur intérieure, dix; diamètre intérieur du bouge, neuf; diamètre des fonds, non compris la jable, huit.

En général, les ouvriers ont l'habitude de donner à leurs futailles, le bouge et la longueur convenables pour les besoins du pays où ils fabriquent; mais aucune règle ne les guide absolument dans leurs constructions, et s'il s'agissait de fournir un fût de la contenance de quelques litres de plus ou de moins que les trois ou quatre façons qu'ils connaissent, ils seraient très embarrassés. C'est pour venir à leur aide, qu'une circulaire de pluviôse an 7, avait déterminé des longueurs et diamètres, pour que toutes les pièces de France fussent dans le rapport ci-après :

Longueur intérieure, 10 et 1/2; diamètre du bouge à l'intérieur, 9; diamètre intérieur des fonds, 8. Voici d'ailleurs le tableau qui suivait cette instruction, et qui se rapporte à des pièces construites d'après ces mesures.

Noms et contenance des pièces.

	Litres.	Longueur.	Bouge.	Fonds. (1)
Demi hectolitre........	50...	0,454...	0,389...	0,345
Trois quarts d'hectolitre.	75...	0,520...	0,445...	0,395
Hectolitre.............	100...	0,572...	0,490...	0,435
Hectolitre et quart......	125...	0,616...	0,528...	0,469
Hectolitre et demi	150...	0,655...	0,561...	0,499
Double hectolitre.......	200...	0,720...	0,618...	0,548
	250...	0,776...	0,665...	0,591
	300...	0,825...	0,707...	0,628
	400...	0,908...	0,778...	0,691
Demi kilolitre.........	500...	0,978...	0,838...	0,745
	600...	1,039...	0,891...	0,791
	700...	1,093...	0,938...	0,833
	800...	1,144...	0,980...	0,871
	900...	1,190...	1,019...	0,906
Kilolitre..............	1,000...	1,232...	1,095...	0,938

(1) Les longueurs du fût, ainsi que les diamètres du bouge et des fonds, sont pris intérieurement.

Si donc un ouvrier veut construire un tonneau de la contenance de 125 litres qui équivalent à 16 veltes 1/2, ancienne mesure, il verra qu'il doit choisir des doiles ayant 0 m. 616 mill. (1 pied 10 pouces 9 lignes, ancienne mesure), et comme cette mesure doit exister en dedans des fonds, il faudra que son bois ait de plus en longueur deux fois l'épaisseur du trait de jabloire, et deux fois la hauteur des rebords exterieurs qui dépassent les fonds; ainsi en supposant, vu la petitesse du tonneau, que le bois n'ait que 0 m. 135 mill. (7 lignes environ d'épaisseur), il faudra ajouter deux fois 13 m. 1/2, ou 27 mill. (1 pouce) à la longueur demandée; puis, pour les rebords, en les supposant de 0 m. 027 (1 pouce), ce qui serait peut-être bien peu; mais cela n'importe en rien à notre calcul, il faudra que les doiles aient encore deux fois 0 m. 027 ou 54 mill. (2 pouces) au plus : ainsi en ajoutant ensemble toutes ces longueurs 616 plus 27, plus 54 mill., nous aurons un total de 0 m. 697, six décimètres neuf centimètres sept millimètres (2 pieds 1 pouce 9 lignes) pour la longueur des doiles : et encore devra-t-on laisser quelque chose de plus pour la rognure.

Des doiles ainsi prises, seraient très bonnes si le tonneau était cylindrique; mais le bouge s'oppose à ce que cette mesure soit suffisante; et en effet, lorsque le tonneau sera relié, les doiles feront l'arc, et alors elles n'auront plus la dimension de longueur exactement nécessaire. En comparant dans son tableau la somme des diamètres du bouge, qui est 0 m. 528, à celle du diamètre des fonds, qui est de 469, il voit que la différence est de 0 m. 059 (2 pouces 2 lignes) environ; donc chaque doile fera un arc dont la flèche, c'est-à-dire la courbure, sera de o m. o 285, vingt-huit millimètres et demi (13 lignes); or, sans se livrer aux opérations arithmétiques, par lesquelles il pourrait théoriquement trouver de combien est le raccourcissement; il peut le trouver mécaniquement avec un morceau de cercle bien droit. Il mesure un fil de laiton auquel il donne juste la longueur voulue o m. 616, puis il attache le bout de ce fil au bout de sa bande de cercle qu'il fait ensuite fléchir jusqu'à ce qu'il trouve au milieu de la flèche de o m. o 285 (13 lignes), il marque l'endroit où arrive son fil de laiton, et ensuite, laissant le cercle se redresser, il mesure dessus à partir du bout où était fixé le fil, la longueur de o m. 616 (1 pied, 10 pouces 9 lignes); la différence qui existe entre cette dernière marque et celle qu'il a faite lorsque l'arc était bandé, lui donne la somme de ce qu'il doit ajouter en longueur aux mesures que nous venons de donner. Dans tous les cas, comme il ne fera ses jables que lorsque le tonneau sera relié, et par conséquent cintré, il sera toujours maître d'avancer ou de reculer son trait, suivant un gabarit qu'il aura fait, et qui aura exactement o m. 616 de longueur.

Dans l'espèce, si nous supposons ce raccourcissement de o m. 027 (un pouce), ce sera une quantité pareille qu'il faudra ajouter à la somme totale de o m. 697, ce qui portera la longueur définitive des doiles à o m. 724 (2 pieds 2 pouces 9 lignes).

Maintenant combien faudra-t-il de ces doiles, longues de o m. 724 pour faire le corps du tonneau sans les fonds que nous calculerons ensuite? ce nombre dépendra nécessairement de la largeur de chacune d'elles, et comme cette largeur est variable, il convient de considérer toutes les doiles comme une seule planche dont il faudra déterminer la largeur. Nous voyons dans la seconde colonne du tableau que le diamètre du bouge est de o m. 528, (1 pied 7 pouces 6 lignes); en multipliant ce diamètre par trois, nous aurons pour le développement de la circonférence du bouge, 1 m. 584 (4 pieds 10 pouces 6 lignes).

Mais ce développement ne peut suffire, car, lorsque les doiles seraient placées en rond, elles ne se toucheraient que par leur face intérieure, et il existerait entre chaque doile, une ouverture à l'extérieur; c'est ce qui fait que le tonnelier, lorsqu'il dresse les champs de ses doiles sur la colombe, ne les présente point dans une position verticale, perpendiculaire à la colombe, mais bien inclinée de quelques degrés, afin que ses doiles prennent le biseau qu'elles doivent avoir; opération sur laquelle nous reviendrons avec détail lorsqu'il s'agira de démontrer la fabrication. On conçoit qu'en ôtant ainsi du bois sur l'un des côtés des champs, on rétrécit le diamètre du tonneau, et qu'alors il n'aurait plus o m. 528. Pour le lui restituer, il faut ajouter à ce diamètre l'épaisseur doublée du bois; nous venons de supposer au commencement de cette démonstration, que cette épaisseur était de 13 millimètres et demi; doublée, elle donnera o m. 027 (un pouce) qui étant ajoutée trois fois à 1 m. 528, porteront la largeur totale à l'endroit du bouge à 1 m. 609 (4 pieds 11 pouces 6 lignes) environ.

Il ne nous reste plus qu'à voir combien il entrera de bois dans nos fonds, nous remarquons à la troisième colonne du tableau que leur diamètre doit être de o m. 469 (1 pied 5 pouces 4 lignes); or pour se faire une idée de la quantité de traversin qu'il faudra pour faire un de ces fonds, il suffirait de se figurer deux carrés formés de planches juxtà-posées, ayant ce même nombre de millimètres, 469 sur chaque côté. Mais ici encore, il y aurait mécompte si l'on croyait trouver un fond dans un carré de cette grandeur, car le fond entrant dans la jable dans une partie de la profondeur du double biseau pratiqué sur son périmètre, on conçoit qu'il serait diminué d'autant, si on le découpait juste à la mesure voulue; il faut donc ajouter le surplus de bois nécessaire pour que le biseau soit en sus de la dimension demandée. En estimant que la profondeur du trait de jabloire sera de la moitié de l'épaisseur du bois, ce qui serait trop, mais c'est une supposition, il faudra ajouter deux demi-épaisseurs ou une épaisseur au carré pour être à même d'y trouver le fond demandé. Nous avons vu plus haut que cette épaisseur a été estimée o m. o,135 (7 lignes), c'est donc 7 millimètres (3 lignes) à ajouter sur chacune des faces du carré qui aura alors o m. 483 sur chacun de ses côtés; en faisant passer deux diagonales par les quatre angles du carré, on obtiendra le centre, et de ce centre, avec un compas, on obtiendra un cercle qui aura o m. 2415, deux cent quarante-un millimètres et demi (8 pouces 11 lignes environ) de rayon, qui, doublé, est le diamètre o m. 483 (1 pied 5 pouces 10 lignes). Lorsqu'il s'agira de chantourner les fonds, l'ouvrier fera bien de tracer deux cercles concentriques dont le plus petit aura le diamètre porté au tableau, o, 469 (1 pied 5 pouces 4 lignes), et le plus grand o, 483 (1 pied 5 pouces 10 lignes), le petit cercle distant du grand cercle de o m. o 75 (3 lignes 1/2), servira à déterminer la naissance du biseau circulaire.

Ainsi il faudra pour faire les fonds, deux carrés formant ensemble un carré long ayant o, 483 sur les petits côtés, et o, 966 sur les grands côtés (2 pieds 11 pouces 8 lignes, sur 17 pouces 10 lignes).

Au résumé, il faudra pour faire un tonneau contenant cent-vingt-cinq litres :

1° Pour le corps du tonneau en merrain, de o m. 0,135 d'épaisseur, un carré long ayant en hauteur, dans le sens du fil du bois o m. 724, ou deux pieds deux pouces neuf lignes; et en largeur, en travers le fil du bois, 1 m. 609, ou 4 pieds onze pouces six lignes.

2° Pour faire les fonds, deux carrés en traversin de même épaisseur, ayant chacun o m. 483, ou un pied 5 pouces 10 lignes.

Jaugeage des pièces et autres vaisseaux.

Les vignerons jaugent avec la main, ils mesurent combien la pièce a de longueur, puis, posant le pied devant le bout du tonneau, ils plient un genou, et avec le poing posé sur le genou, ils prennent une mesure approximative; mais ces résultats qui peuvent, lorsqu'on en a une longue habitude, suffire à celui qui se contente d'avoir des *à peu-près*, ne peuvent plus convenir lorsqu'il s'agit d'établir un compte régulier, nous empruntons au *nouveau manuel complet des marchands de vin, des débitans de boissons, et du jaugeage* par M. Laudier, (1) quelques notions qui pourront être très utiles aux tonneliers, ceux qui voudraient approfondir l'art du

(1) Un vol. in-18, orné de figures et de tableaux; prix 1 3 fr. Chez Roret, libraire, rue Hautefeuille, au coin de celle du Battoir.

jaugeage, seront contraints d'avoir recours à l'ouvrage même.

Préparation du ruban jauge.

» On prendra un ruban de satin blanc d'un tissu un peu fort. Ce ruban sera de trois centimètres de largeur sur 255 centimètres de longueur : on le fera passer à la gomme dont on prépare les taffetas, cette gomme connue sous le nom de caoutchou, ou gomme élastique, n'est pas, comme le vernis, sujette à s'écailler; il est facile après cette préparation de procéder à la division du ruban. On commence par tirer deux lignes à l'encre de la Chine, par son milieu, parallèles à toute sa longueur, qui le partagent en deux bandes, comme A B, fig. 83; on divise l'une de ces bandes en décimètres, centimètres et demi centimètres, comme *a b*, l'autre bande se divise en grands décimètres et grands centimètres; pour les tracer on portera sur cette bande sept fois la longueur de trois décimètres et un septième, ou 31 centimètres 4 millimètres et deux septièmes de millimètres, fraction qui ne peut guère s'évaluer qu'en nombre. Chacune de ces longueurs se subdivise en dix parties qui sont les grands centimètres (V. la bande *c d*).

Cette même figure représente la première partie du ruban qui porte le tracé des deux échelles, mais les dimensions de cette figure ne sont que de la moitié de celles que le tracé doit avoir sur le ruban, et ne sont données que pour bien faire comprendre la manière de les construire soi-même. D'ailleurs les personnes qui en désireront de toutes faites, pourront s'adresser à M. Roret libraire, dont nous avons donné l'adresse plus haut.

La figure 84 est un tonneau dout la figure 85 représente la coupe dans sa longueur A B, C D sont les deux fonds; A E D, B F C sont les douves courbées dans leur milieu, A B, C D sont les diamètres des fonds, E F est le diamètre de la partie renflée du tonneau occasionée par la courbure des douves prises au bondon E, et qu'on nomme bouge..... C'est une réduction de ces différens diamètres en un seul, qui s'appelle le *diamètre moyen*, ce diamètre, calculé avec la longueur intérieure de la pièce, change la forme du tonneau en celle d'un cylindre qui aurait la même longueur et la même capacité..... Pour trouver ce diamètre moyen, on mesure avec la partie du ruban divisée en décimètres, centimètres et demi centimètres, les diamètres des deux fonds; ce qui se fait en plaçant l'extrémité du ruban marqué o dans l'angle 1 fig. 85 formé par le diamètre, du fond et la saillie de la douve qui y correspond, et en déroulant le ruban qu'on applique le long du diamètre jusqu'à son extrémité opposée correspondant à l'angle 2 formé par ce même diamètre et la saillie de la douve inférieure ; cette mesure donne en décimètres et centimètres le diamètre exact de l'un des fonds. La même opération se fait sur l'autre fond, 3 et 4.

Après avoir pris la mesure des diamètres des fonds, on procédera à celle du bouge sans que l'on soit obligé d'ouvrir le bondon pour y passer une baguette ou y plonger un plomb au bout d'une ficelle, inconvénient de moins qui, en ménageant les liqueurs, épargne aussi beaucoup de tems à ceux qui mesurent.

Pour avoir le diamètre du bouge on se sert de la partie du ruban qui porte les grands decimètres et centimètres, on mesure la circonférence, prise au boudon qui est toujours la partie la plus renflée. Si cette échelle après avoir été bien appliquée à cette circonférence du tonneau marque six grands décimètres, le diamètre exact du bouge sera de six décimètres ordinaires. Si la mesure de la circonférence surpassait les decimètres de 1, 2, 3, etc. grands centimètres, ce serait 1, 2, 3, centimètres ordinaires qu'il faudrait ajouter aux décimètres ordinaires, et le diamètre du bouge serait alors de six décimètres, 1, 2, 3, etc. centimètres ordinaires.

Le diamètre trouvé de six décimètres ordinaires est le diamètre extérieur du bouge. Pour jauger il faut avoir le diamètre intérieur. On mesurera donc l'épaisseur des douves : ce qui se fait facilement. Cette épaisseur est ordinairement de deux centimètres, quelquefois plus, selon la grandeur des pièces ; si le diamètre extérieur du bouge est de six décimètres, l'épaisseur des douves de deux centimètres, il faudra en retrancher quatre pour l'épaisseur des deux douves qui fait partie du diamètre extérieur; il restera pour le diamètre intérieur du bouge, cinq décimètres six centimètres.

Il pourra arriver qu'en mesurant le bouge des grosses pièces, le ruban ne contenant que huit grands décimètres, ne puisse faire le tour entier de la pièce; alors il faut se servir d'une ficelle bien fine pour prendre la circonférence du bouge; on mesure ensuite combien cette ficelle contient de grands décimètres et de grands centimètres du ruban. Ce nombre donnera des décimètres et des centimètres ordinaires.

En mesurant les parties d'un tonneau avec la jauge à rubans il est assez difficile de tenir compte des millimètres, mais on approche de cette exactitude en opérant de la manière suivante. La jauge étant divisée en demi-centimètres, si la mesure que l'on prend se termine sur un demi-centimètre, on tiendra compte du demi-centimètre : si elle tombe plus près des centimètres qui suivent que du demi-centimètre, cet excédant comptera pour un centimètre que l'on ajoute aux précédens.

On opérera de la même manière en prenant la circonférence du bouge avec l'échelle des grands décimètres.

Pour plus de facilité, tous les petits calculs qui devront avoir lieu dans ces opérations se feront en unités semblables, c'est-à-dire, au lieu de les faire en décimètres et centimètres : ce qui revient au même. Car supposons six decimètres quatre centimètres, c'est la même chose que si l'on disait soixante-quatre centimètres.

La forme des pièces donne plusieurs cas pour le calcul du diamètre moyen; il y en a trois :

Le premier cas, lorsque les fonds sont ronds et du même diamètre.

Le deuxième lorsque les fonds sont ronds; mais de différens diamètres.

Le troisième lorsque les fonds ne sont pas ronds et conséquemment ont deux diamètres.

Eclaircissons ce qui vient d'être dit par des exemples :

Premier cas, fonds de même diamètre et ronds. Qu'une pièce qui, par exemple, a été mesurée comme on l'a enseigné, ait six decimètres ou soixante centimètres de diamètre à chaque fond, et que le diamètre du bouge se soit trouvé de six décimètres six centimètres ou soixante-six centimètres; on ajoutera à soixante centimètres, l'un des fonds, deux fois soixante-six centimètres, diamètre du bouge, on prendra le tiers de la somme qui sera le diamètre moyen de la pièce.

Diamètre des fonds	60 centimètres.
Double du diamètre du bouge	132
Somme	192
Dont le tiers est	64

Ce tiers est le diamètre moyen.

Deuxième cas, dans lequel les deux fonds sont ronds; mais les diamètres inégaux.

On prend le terme moyen entre les deux nombres qu'on a trouvés pour les diamètres des fonds, on les ajoute ensemble et l'on tire la moitié de cette somme qui est alors le diamètre de chacun de ces fonds. On ajoute à ce diamètre deux fois celui du bouge; on prend le tiers de cette somme qui sera le diamètre moyen cherché de la pièce.

Qu'on ait mesuré les deux fonds, l'un a donné 58 centimètres de diamètre, l'autre 56, et pour le diamètre du bouge la pièce a donné 63 centimètres.

Diamètre de l'un des fonds	60 centim.
Diamètre du second fond	56
Somme	114
Moitié de la somme pour le diam. réduit des fonds . .	57
Double de 63, diamètre de Bouge	126
Somme	183
Tiers	61

Ce tiers est le diamètre moyen de la pièce.

Troisième cas; lorsque les fonds ne sont pas ronds ils ont deux diamètres, un grand et un petit, entre lesquels il faut prendre le diamètre moyen; ce qui se fait en ajoutant ensemble le grand et le petit diamètre de l'un des fonds et en prenant la moitié de la somme. La même chose se fait sur l'autre fond. Les diamètres de chaque fond ainsi réduits s'ajoutent ensemble; on en prend la moitié et cette moitié s'ajoute à deux fois le diamètre du bouge, le tiers de cette somme est le vrai diamètre moyen de la pièce.

Un des fonds a pour mesure du grand diamètre . . 53 centim.
Pour le petit diamètre. 52

Somme. 105

Diamètre moyen, la moitié. . . . . 52 5 mill.

L'un des diamètres de l'autre fond a. 56 cent.
Le second diamètre a 55

Somme. 111

Pour diamètre moyen. . . . . . . 55 5, ci 55 5

Somme. 108

Diamètre moyen des fonds 54
Deux fois soixante diamètres du bouge 120

Somme. 174

Le tiers. 58

Ce tiers est le diamètre moyen de la pièce.

L'opération précédente peut être simplifiée si on ajoute ensemble les quatre diamètres des fonds, on prend le quart de la somme, on l'ajoute aux deux diamètres du bouge : on prend le tiers de cette dernière somme et on a pour résultat le même diamètre moyen que dans l'opération précédente.

EXEMPLE : Grand diamètre du premier fond......	53 centim.
Petit diamètre de ce fond............	52
Grand diamètre du deuxième fond....	56
Petit diamètre du deuxième fond......	55
Somme.........	216
Dont le quart est....................	54
Les deux diamètres du bouge..........	120
Somme.........	174
Dont le tiers est	58

Comme on le voit, ce diamètre moyen est le même que celui de la précédente opération.

Les résultats des opérations qu'on vient de faire se sont présentés en nombre rond de centimètres, mais il arrivera souvent que les diamètres moyens, ainsi que les longueurs, donneront un demi-centimètre dont on doit tenir compte, ainsi qu'on l'a vu dans la manière de mesurer les pièces avec la jauge à ruban. Le calcul du diamètre moyen n'en devient guère plus difficile. Il ne restera jamais après l'opération plus de cinq millimètres. Voici quelques exemples de réduction qui donnent les diamètres moyens dans le calcul desquels on a tenu compte des demi centimètres qu'on a ajoutés dans la mesure des fonds ou des bouges.

On a pris les mêmes mesures en centimètres que celles des trois opérations précédentes, on y a ajouté des demi-centimètres qui feront connaître dans les résultats les différences en plus que peut donner cette augmentation dans la mesure des fonds et des bouges.

Réduction au diamètre moyen.

Le diamètre de chaque fond est de soixante centimètres cinq millimètres; celui du bouge est de soixante-six centimètres cinq millimètres.

PREMIÈRE OPÉRATION.

Diamètre d'un des fonds.........	60 centim.	5 millim.
Deux fois le diamètre du bouge,...	133	
Somme........	193	5
Pour diamètre moyen, le tiers...	64	5

DEUXIÈME OPÉRATION.

L'un des fonds a cinquante-huit centimètres cinq millimètres de diamètre; le deuxième fond a cinquante-six et le diamètre du bouge soixante-trois centimètres.

Diamètre de l'un des fonds..................	58 cent.	5 millim.	
Diamètre du deuxième fond.................	56		
Somme......	114	5	
Diamètre moyen des fonds, moitié........	57	2	1/2
Deux diamètres du bouge................	126		
Somme......	183	2	1/2
Diamètre moyen de la pièce, le tiers.......	61	0	0

On ne tient pas compte des deux millimètres et demi dans le tiers de la somme.

TROISIÈME OPÉRATION.

Les fonds ne sont pas ronds et ont chacun deux diamètres; le bouge a 60 centimètres et demi.

Grand diamètre du premier fond.........	53 cent.	5 millim.	
Petit diamètre de ce fond................	52	»	
Grand diamètre du deuxième fond.........	56	5	
Petit diamètre de ce fond................	55	5	
Somme......	217	5	
Le quart.....	54	3	3/4
Deux fois le diamètre du bouge...........	121	0	0
Somme......	175	3	3/4
Diamètre moyen, le tiers...............	58	4	7/12

Le diamètre moyen de la pièce est de 58 centimètres et quatre millimètres et peu de chose de plus : on peut prendre un demi-centimètre pour ces millimètres, ce qui fera 58 centimètres 5 millimètres. Il pourra arriver qu'en terminant une opération et qu'en prenant le tiers des centimètres, le nombre ne se divise point par trois, et qu'il y ait un reste d'un tiers ou de deux tiers, alors il n'y aura que les deux tiers qui compteront pour un demi-centimètre.

Sachant mesurer les bouges et les fonds des pièces dans toutes les dimensions qu'elles peuvent avoir, et les réduire à leur diamètre moyen, il faut pour en connaître la capacité, savoir aussi mesurer leurs longueurs, ce qui se fait en tendant le ruban de la jauge le long de la douve supérieure, de manière à ce qu'il rase le bondon percé au milieu de cette douve et qu'il ne touche à rien qui puisse le faire courber, ce qui allongerait la mesure. Celui qui tient le bout du ruban placera son œil bien perpendiculairement au-dessus de l'extrémité de la douve et s'assurera si le premier trait de l'échelle qui traverse le zéro répond bien à cette extrémité : celui qui tient le bout opposé opère de même et s'assure de son côté de la partie du ruban qui répond à cette extrémité de la douve. Cette mesure prise avec beaucoup d'exactitude, on compte les décimètres et les centimètres qu'elle contient en observant toujours d'ajouter le demi-centimètre que la division du ruban aura joint ou dépassé. Supposé qu'on ait trouvé la longueur *a b*, fig. 85, prise au-dessus de la douve 1 et 3, être de onze décimètres, cinq centimètres ou 115 centimètres, pour avoir la longueur intérieure du tonneau, il faudra en retrancher les saillies de la douve et l'épaisseur des deux fonds qui est communément pour chacun de deux centimètres. On mesurera la saillie 1 depuis le bord du jable jusqu'à l'extrémité de la douve, elle se trouve être de cinq centimètres, la saillie 3, même figure 85, est de quatre centimètres; l'on estime la valeur des deux fonds à quatre centimètres : ces différentes mesures ajoutées ensemble donnent treize centimètres qu'il faut retrancher de cent-quinze, longueur de la ligne *a b*, il restera pour la longueur intérieure AD du tonneau, 102 centimètres.

La ligne *a b*, fig. 84, 85, indique la situation que l'on donnera au ruban pour prendre la longueur de cette ligne, l'œil se place dans le prolongement de la ligne ponctuée.

Lorsque le tonnelier se sera habitué à trouver le diamètre moyen d'une pièce, le calcul pour en connaître la contenance ne sera plus aussi difficile, car cette pièce représentera alors un cylindre parfait dont ce diamètre moyen sera la base. Dans ce cas, il commencera au moyen de ce diamètre, par trouver la circonférence du cylindre : ce qui aura lieu en triplant ce diamètre s'il s'agit de petites quantités, et en le considérant comme 7 à 22 s'il s'agit d'un diamètre ayant ce nombre de 7 et au-dessus. Lorsqu'il aura la circonférence, il la multipliera par le quart de ce même diamètre et il aura la superficie de cette circonférence; il multipliera cette superficie par la longueur de la pièce, et il saura combien cette pièce contient de décimètres cubes, ou, ce qui est la même chose, combien elle contient de litres; si ce calcul lui paraissait trop minutieux à faire, il pourrait le trouver tout fait, pages 32 à 77, dans le manuel du jaugeage dont nous lui avons déjà parlé. Des tables comprenant depuis le plus petit vaisseau jusques au plus grand, selon toutes les longueurs, avec les diamètres moyens, indiquent qu'elle est en hectolitres, litres et décilitres, la capacité de chaque tonneau. Dans tous les cas, nous allons lui donner un relevé qui l'aidera dans son travail, en lui faisant connaître, pour la majeure partie des cas, le rapport du diamètre avec la circonférence et avec la superficie de la circonférence; ce qui est le plus difficile de son opération : connaissant par un calcul tout fait la superficie donnée par son diamètre moyen, il n'aura plus qu'à multiplier cette superficie par la longueur exacte de son poinçon, et il en connaîtra la capacité. La 1re colonne est le diamètre, la 2e la circonférence, la 3e la superficie.

1...	3,142...	0,785	11...	34,558...	95,033
2...	6,283...	3,142	12...	37,699...	113,097
3...	9,425...	7,069	13...	40,841...	132,732
4...	12,566...	12,566	14...	43 982...	153,938
5...	15,708...	19,635	15...	47,124...	176,715
6...	18,850...	28,274	16...	50,265...	201,062
7...	21,991...	38,485	17...	53,407...	226,980
8...	25,143...	50,265	18...	56,549...	254,469
9...	28,274...	63,617	19...	59,690...	283,529
10...	31,416...	78,540	20...	62,832...	314,159

21...	65,973...	346,361
22...	69,115...	380,132
23...	72,257...	415,476
24...	75,398...	452,389
25...	78,540...	490,874
26...	81,681 ..	530,029
27...	84,823...	572,554
28...	87,965...	615,752
29...	91,106...	660,520
30...	94,248...	706,858
31...	97,389...	754,768
32...	100,531...	804,248
33...	103,673...	855,297
34...	106,814...	907,920
35...	109,956...	962,114
36...	113,097...	1017,875
37...	116,239...	1075,210
38...	119,381...	1134,115
39...	122,522...	1194,590
40 ..	125,664...	1256,637
41...	128,205...	1320,254
42...	131,947...	1385,442
43...	135,089...	1452,201
44...	138,230...	1520,529
45...	141,372...	1590,435
46...	144,513...	1661,903
47...	147,655...	1734,945
48...	150,796...	1809,558
49...	153,938...	1885,741
50...	157,080...	1963,495
51...	160,221...	2042,820
52...	163,263...	2128,715
53. .	166,504...	2206,184
54...	169,646...	2290,217
55...	172,788...	2375,823
56...	175,929...	2463,009
57...	179,071...	2551,758
58...	182,212...	2642,080
59...	185,354...	2733,971
60...	188,496..	2827,433
61...	191,637...	2922,466
62...	194,779...	3019,071
63...	197,920...	3117,245
64...	201,062...	3216,992
65...	204,204...	3318,307
66...	207,345...	3421,186
67...	210,487...	3525,652
68...	213,628...	3631,681
69...	216,770...	3739,281
70...	219,911...	3848,451
71...	223,053...	3959,192
72...	226,195...	4071,501
73...	229,336...	4185,387
74. .	232,478...	3300,440
75...	235,619...	4417,866
76...	238,761...	4536,458
77...	241,903...	4656,620
78...	245,044...	4778,361
79...	248,186...	4901,661
80...	251,327...	5026,541
81...	254,469...	5153,009
82...	257,611...	5281,018
83...	260,752...	5410,599
84...	263,894...	5541,770
85...	267,035...	5674,501
86...	270,177...	5808,805
87...	273,319...	5944,679
88...	276,460...	6082,115
89...	279,602...	6221,134
90 ..	282,743...	6361,720
91...	285,885...	6503,877
92...	289,027...	6647,610
93...	292,168...	6792,909
94...	295,310...	6939,780
95...	298,451...	7088,217
96...	301,593...	7238,232
97...	304,735...	7389,812
98...	307,876...	7542,964
99...	311,018. .	7697,681
100...	314,159...	7853,975

S'il se trouvait des fractions, il réduirait son diamètre moyen en millimètres, et ferait son opération de la même manière. Ainsi, supposons que le diamètre moyen fût cinq centimètres et demi, il dirait : cinq centimètres égalent 50 millimètres, la demie égale 5 millimètres, son diamètre est de 55 millimètres; il opérera en conséquence.

Conversion des pintes de Paris en litres.

La pinte de Paris est composée de deux chopines, la chopine de deux quarts de pintes, nommés tantôt *septier* comme dans les départemens du centre, tantôt comme à Paris *demi-septier ;* le quart de pinte se divise en deux demi-quarts dont le nom varie suivant les pays et se nomme *demi-septier*, *posson*, *poisson*, *canon*, etc ; le demi-quart se divise encore en seizièmes qui portent des noms divers, tels que *roquilles, petits verres, demi-poisson*, etc ; tous ces noms sont déjà en partie abandonnés et le seront bientôt tout-à-fait. Les noms actuels sont *litre*, *demi-litre*, *quart de litre* ou *canon*, huitième de litre, ou *petit-canon*. Ces dernières dénominations vulgaires sont en usage à Paris seulement. Quels que fussent les noms, on avait toujours regardé la pinte de Paris comme devant contenir 48 pouces cubes, afin qu'elle fût la 36e partie du pied cube ; mais elle n'a jamais contenu réellement que 46.95 ; c'est d'après cette fixation que la table suivante a été faite, les pintes sont converties en litres. Si on désire les convertir en décalitres ou hectolitres, il faut avancer le point d'un ou deux chiffres, ainsi, 150 pintes répondent à 139 litres 698 ou six dixièmes de litre, nommés *décilitres*, neuf centièmes ou *centilitres*, 8 millièmes, autant dire sept dixièmes de litre, qui font, à un vingtième de litre près, les trois quarts d'un litre : répondent également à 13 décalitres 9698, et de même à 1 hectolitre 39598.

Pintes.	Litres.				
1.....	0,931	5.....	4,657	10.....	9,313
2.....	1,863	6.....	5,588	20.....	18,626
3.....	2,784	7.....	6,519	30.....	27,940
4.....	3,725	8.....	7,451	40.....	37,253
		9.....	8,382	50.....	46,566

60.....	55,879	160.....	149,011	270.....	251,456
70.....	65,192	170.....	158,324	280.....	260,769
80.....	74,505	180.....	167,637	288.....	268,220
90.....	83,819	190.....	176,951	290.....	270,082
100.....	93,132	200.....	186,264	300.....	279,395
110.....	102,445	210.....	195,577	400.....	372,527
120.....	111,758	220.....	204,890	500.....	465,659
130.....	121,071	230.....	214,203	600.....	558,791
140.....	130,385	240.....	223,516	1000.....	931,318
144.....	134,110	250.....	232,830		
150.....	139,698	260.....	242,143		

Conversion des litres, décalitres et hectolitres en pintes de Paris.

Litres.	Pintes.	Décalitres.	Pintes.	Hectolitres	
1......	1,074	1......	10,737	1......	107,375
2......	2,147	2......	21.475	2......	214.49
3......	3,221	3......	32.212	3......	322,124
4......	4,295	4......	42,950	4......	429,499
5......	5,369	5......	53,687	5......	536,874
6......	6,442	6......	64,425	6......	644,248
7......	7,516	7......	75,162	7......	751,623
8......	8,590	8......	85,900	8......	858,998
9......	9,664	9......	96,637	9......	966,373
10......	10,737	10......	107,375	10......	1073,747

La demi-pinte vaut....	o litre	466.
Le quart de pinte......	o	233
Le huitième...........	o	116

10 hectolitres ou 1 kilolitre valant à-peu-près 1074 pintes ou bouteilles, répondent assez exactement au tonneau de Bordeaux.

Le muid de Paris devait contenir 36 septiers sur lie, ou 288 pintes, et avec la lie, 37 septiers 1/2 ou 300 pintes, la queue ou pipe était fixée à la contenance d'un muid et demi.

Le muid de Paris se divise en deux feuillettes, la feuillette en deux quartauts, le quartaut en neuf septiers ou veltes, la velte ou septier en 8 pintes, le tout supposé sans lie.

Conversion des muids en hectolitres.

Muids.	Hectolit.				
1......	2,68	7......	2,610	50......	18,641
2......	5,36	8......	2,983	60......	22,369
3......	8,05	9......	3,355	70......	26,098
4......	10,73	10......	3,728	80......	29,826
5......	13,41	20......	7,456	100......	37,282
6......	2,237	30......	11,185		
		40......	14,913		

La contenance des mesures pour les liquides s'évaluait autrefois, soit par le nombre des pintes de Paris qu'elles contenaient, soit par le nombre de pouces cubes, soit par le poids net du liquide contenu.

1° Si l'on veut convertir en litres des mesures dont la contenance en pintes de Paris soit connue, on peut recourir à la table de conversion des pintes en litres que nous venons de donner page 84. Ainsi, la demie queue d'Orléans que l'on sait contenir 240 pintes, équivaut à 223 litres, 516; le tonneau de Bordeaux, contenant 1,000 pintes, vaut 931 litres, 318, et en avançant le point de deux chiffres, neuf hectolitres 31.

2° Si l'on connaît le nombre de pouces cubes que contient une mesure de capacité, ce qu'on fera facilement en convertissant ces pouces en centimètres cubes suivant le tableau de conversion des anciennes en nouvelles mesures que nous avons précédemment donné.

3° En connaissant le poids net de l'eau contenue dans un vaisseau quelconque, on peut aisément voir la capacité en litres, le poids du litre d'eau étant d'un kilogramme (2 livres).

Si le tonnelier était appelé à confectionner des mesures de capacité pour liquides, voici quels seraient les prix à percevoir pour les poinçonner.

	f. c.
Hectolitre	» 75
Demi-hectolitre	» 50
Quart-d'hectolitre double boisseau	» 20
Double décalitre ou boisseau	» 15
Décalitre, 1/2 boisseau	» 10
Demi-décalitre, 1/4 de boisseau	» 7
Double-litre et au-dessous	» 5

Ces mesures sont pour les graines et autres matières sèches.

Pour les liquides.

	f. c.
Décalitre, double et demi décalitre	» 50
Double-litre	» 20
Litre	» 15
Demi-litre et au-dessous	» 10

Noms et proportions des anciennes futailles.

Les jeunes gens seront sans doute flattés de connaître les anciens noms et les proportions de quelques-unes des anciennes futailles. Cette connaissance leur sera même quelquefois utile, car, dans quelques cantons arriérés, ces termes ont encore cours, bien que les capacités des futs se soient rapprochées des nouvelles dénominations.

La *barrique*, *pièce* ou *poinçon*, contenait 240 pintes de Paris; il fallait deux pièces pour faire ce qu'on appelait le *tonneau* dans plusieurs villes du centre de la France.

La *pièce* remplie de vin pesait 500 livres, et par conséquent le tonneau pesait 1000 livres; après les pièces venaient les *quarts* de la contenance de 120 pintes.

Le demi-quart contenait 60 pintes, et le baril 20 pintes.

Quant aux dimensions, elles dépendaient des pays où se faisaient les tonneaux, nous ne pouvons donner que celles qui étaient les plus usuelles à Paris.

Le *tonneau* de 4 barriques avait en longueur 4 pieds

3 pouces, diamètre du fond, 3 pieds 2 pouces; sa contenance était de 448 pots.

Le *tonneau de trois barriques* avait en longueur 4 pieds, et en diamètre des fonds 2 pieds 10 pouces; sa contenance était de 336 pots.

Le *tonneau de deux barriques* avait en longueur 3 pieds neuf pouces, et en diamètre des fonds 2 pieds 6 pouces; sa contenance était de 224 pots.

La *barrique* ou le *poinçon* avait en longueur 30 ou 31 pouces, diamètre des fonds 2 pieds 2 pouces; sa contenance était de 112 pots.

Le *tierçon* avait en longueur 2 pieds 6 pouces, diamètre des fonds 1 pied 5 pouces 1/2; contenance, 56 pots.

Le *baril* avait en longueur 1 pied 8 pouces, diamètre des fonds 8 pouces 1/2; contenance, 14 pots.

Le pot contient deux grandes pintes de Paris, etc.; un peu plus de deux pintes ordinaires.

DEUXIÈME PARTIE.

ATELIER.

L'endroit où travaille le tonnelier est souvent une salle basse bien éclairée; souvent aussi, en été, il travaille en plein air, surtout lorsqu'il assemble et relie. Le doleur travaille à couvert sous un hangard ou dans tout autre endroit abrité. Indépendamment des outils qui lui sont absolument propres, l'atelier du tonnelier doit se trouver garni de meules ou de pierres à aiguiser, d'une petite forge avec un bigorne de 50 kilogrammes environ, et plusieurs bigornaux; il doit avoir des cisailles pour couper les tôles de fer et de cuivre, un étau à pied solidement fixé, des affûtages de menuiserie, varlope, demi-varlope, rifflard et rabot. Tous ces outils ne sont point nécessaires au tonnelier qui ne fait que des futailles; mais pour le tonnelier des petites villes qui se charge de l'entreprise de tous les travaux qui concernent son état, ils lui sont absolument indispensables. Ce tonnelier, s'il est intelligent, fait lui-même les cercles et les anses de ses sceaux, le bec des brocs, les anses de tôle recourbée, etc., etc. Quant aux outils qu'il emprunte à l'art du menuisier, ils lui sont utiles pour faire les grands cuviers en sapin. Près des jours, doit se trouver, solidement maintenue, la selle à rogner; quant à la selle à tailler, comme elle est mobile, elle se place ainsi que la colombe, dans l'endroit le plus commode.

Indépendamment de l'atelier, le tonnelier doit avoir de grands magasins, autant que possible situés au rez-de-chaussée et fermés, dans lesquels il rentrera ses bâtis au fur et à mesure de leur assemblage. Assez ordinairement les fonds ne se font qu'en dernier, après que les douves d'un grand nombre de tonneaux sont assemblées et commencées à être reliées : ces tonneaux non foncés doivent être rentrés et mis à l'abri de l'humidité et de la grande sécheresse.

Près des jours, dans un endroit d'un facile accès, sera placée à demeure, la selle à rogner, dont nous devons de suite donner la description.

Cet appareil, qu'on nomme *selle à rogner*, se compose de plusieurs pièces de bois, disposées de telle sorte, qu'en y plaçant un tonneau couché, il est maintenu solidement, et qu'il devient possible de le rogner et de le jabler facilement. La pièce principale de cet appareil est la fourche *a b c*, fig. 80, on lui réservera une longueur suffisante pour l'entrer profondément en terre, et on l'y consolidera avec des coins, des pierres et même du plâtre, si le terrain n'offre pas une consistance suffisante. Derrière cette fourche, à une distance un peu moindre que la longueur d'un tonneau ordinaire, on plante en terre une pièce de bois verticale *f* contre laquelle on vient appuyer le fond de la pièce à rogner, et, entre la fourche et la pièce de bois *f*, on en place une autre dans une position horizontale, qui est destinée à supporter, par le bouge, le tonneau placé dans la selle. On voit en *g* sur la pièce verticale *f* une encoche, son usage est de recevoir le rebord du fond qui s'appuie contre la pièce *f*. Les pièces *e d* sont plantées en terre et servent à consolider le tout, l'une en servant d'appui à la fourche, l'autre posée un peu plus en arrière et maintenant le tonneau lorsqu'il est placé.

La selle à tailler n'est point posée à demeure : on la place suivant le besoin ; cet ustensile n'est point seulement en usage dans la boutique du tonnelier, on l'emploie encore dans d'autres professions ; mais il y a tout lieu de penser que c'est un emprunt fait au tonnelier, car c'est à lui particulièrement qu'elle est utile. La selle à tailler est un appareil très-bien entendu, il fait étau et facilite considérablement l'ouvrier qui serait très-emprunté s'il était privé de son service ; nous devons donc en donner une description détaillée ; la selle à tailler se nomme aussi *chevalet*, parce que l'ouvrier s'assied à cheval dessus lorsqu'il plane sur cet établi. La longueur du chevalet est indéterminée ; mais cependant, pour l'ordinaire, elle n'est pas de plus d'un mètre 3 décimètres ; il est composé d'une table en bois de hêtre ou tout autre bois ferme, large d'environ quatre décimètres, épaisse de cinq à huit centimètres; cette table est supportée par quatre pieds solidement assemblés avec traverses et entretoises en potence chevillées dans la table et dans les pieds; vers l'une de ses extrémités, à trois décimètres environ du bout, on pratique un trou carré-long, par lequel passe un morceau de bois affectant à peu-près la forme du J, cette pièce doit être faite avec un bois dur et liant, tel que frêne, orme, ou même avec un morceau de chêne pris dans le cœur, sain et neuf; sur son sommet, cette pièce de bois reçoit, au moyen d'un assemblage à chapeau fortement chevillé en fer, un autre morceau de bois de cormier, alisier ou autre, ayant plus de largeur que la pièce bascule, et haute d'un décimètre à un décimètre et demi; la forme de cette tête est laissée à l'arbitraire de l'ouvrier, souvent même, cette pièce fait partie de la bascule qu'on délarde des deux côtés et par devant. On entoure cette tête par devant d'une espèce de frette, formée de deux brins de gros fil de fer tordus et cordonnés ensemble; nous n'avons pas mis cette frette dans la figure, parce que nous avons choisi un modèle dans lequel les dents, au lieu d'être après la tête, se trouvent sur le champ supérieur du support ; on met quelquefois de ces dents en dessus et en dessous, mais, ordinairement, on n'en met que d'un côté, en dessous, comme dans la figure, ou bien en dessus après la tête. Le but qu'on se propose en mettant cette frette, c'est d'avoir une espèce de mâchoire formée par la saillie du fil de fer, laquelle mâchoire, correspondant à la saillie du support dont il va être parlé, forme une pince à dents obtuses, susceptible de retenir fortement le bois pris entre les mâchoires, lequel glisserait sous l'effort de la plane et malgré la pression, s'il n'était pas ainsi retenu. Nous devons dire cependant qu'on rencontre souvent certaines selles à tailler où il n'existe point de mâchoires, et que la pression suffit pour retenir la planche prise dans la pince; quoi qu'il en soit, il est plus prudent de mettre des dents formées, soit par un fil de fer cordonné, ainsi que nous venons de le dire, soit par un morceau de lame de scie, comme nous l'avons représenté dans le dessin.

Vers le haut, au dessous de la tête, la bascule, à l'endroit où elle passe à travers la table, est percée d'un trou par lequel passe une forte broche de fer bien arrondie, enfoncée dans l'épaisseur de la table. Cette broche est un pivot qui tient la bascule suspendue, et sur lequel elle se balance librement. Enfin, dans le bas, elle est encore percée d'un trou par lequel passe un palonnier en bois ou en fer saillant de chaque côté d'une longueur suffisante pour que la plante du pied puisse s'y placer aisément.

Le support dont nous avons parlé, est une planche en bois dur, large à peu près comme le banc, épaisse de cinq ou six centimetres, et une autre planche de même épaisseur, posée presque verticale. Souvent cette planche verticale est remplacée par deux étais ou arcs-boutans; quant à la planche inclinée, qui est le support proprement dit, elle est percée dans le milieu, d'un trou carré long, correspondant à celui de la table, et livrant passage à la bascule. Ce support s'appuie contre la planche verticale qu'elle recouvre quelquefois, ou bien avec laquelle elle est assemblée, comme on le voit dans la figure, soit par un assemblage à mi-bois, soit au moyen de fortes vis à bois à têtes noyées; de l'autre bout, cette planche inclinée est fixée sur la table du chevalet à l'aide de chevilles, ou bien aussi avec des vis. Ce chevalet est représenté par la fig. 87 dont l'explication suit.

a Table du chevalet.

b Les pieds, traverses et entretoises ou écharpe.

c La bascule balançant sur le pivot *k*.

d Élégis qu'on pratique de chaque côté pour placer les cuisses de l'ouvrier et lui donner plus de facilité.

e Tête de la bascule *c*.

f Planche en arc-boutant, contre laquelle appuie le support incliné *h*.

g Palonnier en bois ou en fer sur lequel se posent les pieds de l'ouvrier.

h Le support incliné sur lequel est posée la douelle qu'on veut planer.

i Crémaillère destinée à retenir la douelle.

k Tête du pivot en fer dont il vient d'être parlé, se met quelquefois dans le champ de la planche inclinée *h*. Dans ce cas, la pince ouvre moins, mais elle serre davantage.

Après que les douves ont reçu une première façon au moyen de la dolloire, l'ouvrier les travaille encore sur le chevalet, ainsi qu'il sera expliqué plus bas, à l'aide de la plane dont nous donnerons également la description; mais, pour n'avoir plus à y revenir, il convient dès à présent, de dire comment on travaille sur la selle à tailler. Il se met à cheval dessus les cuisses placées en *d*, il pose ses pieds sur les deux bouts *g* du palonnier; dans cette position il plie les genoux, et par ce mouvement attire à lui le palonnier qui fait basculer la pièce *c* sur le pivot *k*; ce mouvement fait relever en arrière la tête *e* de la bascule. Il prend alors la pièce qu'il veut planer, la pose sur le support *h*; si la planche est large, il la met au milieu du support, et alors, arrêtée par la pièce *c*, elle ne peut être pincée que par le bout; si la planche est longue et étroite, il la place à côté et près de la bascule, la tête *e* faisant saillie tout autour, ne pourra manquer de la saisir. Dans ce moment, il raidit les jambes en poussant devant lui le palonnier; cette impulsion rabaisse la tête *e* de la bascule en avant, et tend à la faire appuyer sur la planche placée sur le support : la pression que cette planche reçoit, fait que les dents de la mâchoire *i* s'impriment en dessous et concourent à la retenir solidement. Comme le support *h* est incliné, la planche prise dans la pince, est aussi inclinée et se dirige vers l'estomac de l'ouvrier qui s'arme alors de la plane, et coupe le bois en ramenant à lui; à cet effet, il doit avoir cette partie du corps garnie d'un fort tablier de peau, afin de ne point être dans le cas de se blesser dans le cas où la plane glisserait, ou bien si la planche venait à lâcher. Mais il a rarement à craindre ce danger, car cette manœuvre est très bien combinée : l'ouvrier n'ayant point d'autre appui que le palonnier, il arrive que plus il met de force à tirer sur le bois pincé, plus il pince fortement, et alors, les dents de la crémaillère s'imprimant plus fortement dans le bois, il devient impossible de l'arracher. Si ce bois lâchait sous l'effort de la plane, il pourrait en résulter des inconvéniens, l'ouvrier serait renversé et pourrait se faire mal; mais cela n'est guère à craindre, surtout lorsqu'on est habitué à travailler sur ce banc. On vend ce chevalet tout fait à l'Orme St-Gervais à Paris[1], rue du Monceau, chez M. Delarue, il en fait dont la tête est en fer, et alors le prix en est plus élevé.

Les fig. 88 et 89 représentent, savoir : celle 88, le support vu à part; et celle 89, la bascule *c e g* également vue à part.

Le *billot* sur lequel le tonnelier dégrossit son bois, se nomme indifféremment *tronchet*, *charpi*, *bûchoir*, selon les localités. Il y en a de deux sortes, l'une, c'est la plus simple, est une grosse bûche d'orme ou de chêne, haute de huit décimètres environ, sur laquelle il dégrossit à l'aide de la serpe ou de la cochoire, en se tenant debout. L'autre est plus compliquée, et l'ouvrier est assis lorsqu'il travaille dessus. Ce billot, représenté figures 90 et 91, sert aussi, du moins celui fig. 90, au doleur. Pour faire le corps du billot, on choisit un tronc d'orme noueux, qu'on fait porter sur quatre pieds avec traverses ; en dessus on réserve, où l'on plante deux saillies *a b* qui servent de point d'appui aux planches qu'on veut *bûcher*, c'est-à-dire dégrossir à coups de hache ou de cochoire ; lorsqu'il s'agit de doler, on appuie la douve contre un épaulement qu'on réserve à la seconde saillie *b*, cet épaulement l'empêche de reculer sous les coups puissans de la doloire. Si le tonnelier ne rencontre pas un morceau de bois assez gros pour faire le tronchet représenté figure 91, il est composé de diverses pièces, semblables, ou à peu-près, à celui représenté figure 90. Le corps du billot est souvent un vieux moyeu de charrette, supporté par trois pieds en arc-boutant; dans le trou de l'essieu il plante l'appui *a* : puis, au moyen de deux traverses horizontales, il joint à ce billot une pièce en bois de bout *b*, entaillée à mi-bois par le haut; cette pièce touche à terre, les deux traverses ne la supportent pas, elles servent seulement à la maintenir dans sa position verticale; la douve étant placée sur champ lorsqu'on la doile, elle se trouve supportée par les deux bouts et appuyée contre les épaulemens.

Dans certains pays, particulierement en Bourgogne, les tonneliers se servent d'une espèce de selle à tailler, qu'ils nomment *écorchoir* ou *écorçoir*, on ne sait trop pourquoi. Cette selle ressemble assez au *dressoir* des treillageurs; mais en differe en ce sens que le coude en fer de ce dernier est ici mobile, et obéit à la pression qui lui est communiquée par le pied de l'ouvrier. La figure 92 représente cet appareil. *a* forte planche en chêne ou en hêtre, inclinée à l'horison de manière à ce que l'ouvrier étant debout le côté le plus élevé lui vienne à la poitrine.

b Pieds assemblés solidement dans la planche *a*, un peu inclinés en avant et en dehors, afin de donner de l'assiette à l'ensemble : ces pieds sont en outre consolidés par des potences chevillées des deux bouts.

c Traverse mobile, soit qu'elle soit assemblée à brisure avec la planche *a*, soit qu'assemblée à demeure sa flexibilité lui permette un mouvement de va-et-vient de haut en bas et de bas en haut.

d Double coude en bois garni de dents en fer, ou bien fait tout en fer, fixe à demeure après la traverse *c*, et glissant sur le côté de la planche *a*, où on a pratiqué une entaille pour le recevoir, et maintenu dans son recul, soit par un gousset en bois rapporté, soit par une lame de tôle.

Lorsque l'ouvrier veut employer cette selle qui lui

sert à donner une première préparation à ses douves à l'aide de sa plane, il se place devant la selle debout, il relève avec le pied la traverse *c* qui fait ouvrir la mâchoire *d*; il pose sa douve à plat sur la planche *a*, puis appuyant avec le pied sur le bout de cette même traverse *c* qu'il vient de relever, il fixe invariablement la douve sur la planche, il la plane alors avec facilité, ainsi qu'il a été dit plus haut à l'occasion de la selle à tailler; car c'est encore ici le même système, à cette différence près que l'ouvrier travaille debout, et qu'il n'a qu'un pied pour appuyer; mais cette pression suffit, parce qu'il peut porter le poids de son corps sur ce pied qui appuie et donner alors beaucoup de force à la mâchoire *d*.

La *colombe* est un outil très-important pour le tonnelier. Assez souvent il emploie la colombe droite, telle qu'on la voit chez les layetiers-emballeurs, c'est-à-dire posée sur quatre pieds; mais le plus souvent, la colombe du tonnelier repose sur trois pieds et est inclinée à l'horison. Peu importe cette différence qui tient plutôt aux localités qu'à des avantages spéciaux et remarquables; nous donnons donc fig 93 la colombe qu'on rencontre le plus souvent : on peut facilement se la figurer, n'ayant que trois pieds, deux à un bout, et un troisième moins haut que les deux autres à l'autre bout.

Une colombe coûte de vingt à trente francs à l'Orme-St-Gervais; le corps de l'outil *a*, même fig. 93, est un quartier de cormier pris au cœur, autant que possible. On y perce une lumière comme à une varlope de menuisier, on ajuste un coin dans cette lumière et on place le fer qui doit être bien affûté, et on fait ensorte que la ligne du tranchant soit bien exactement sur le même plan que la table de la colombe, c'est ce qu'on nomme *mettre en fût*. Si la colombe est bien faite, la lumière doit être très-petite, c'est-à-dire qu'il doit n'y avoir entre le tranchant et le bois que l'espace strictement nécessaire pour laisser passer le copeau qui tombe en dessous. *b* indique la situation du fer et du coin qui le maintient.

Pour que la colombe ne se détériore point, que le fer ne soit point sujet à s'ébrecher ou à blesser ceux qui y pourraient toucher sans y faire attention ; on fait ordinairement un couvercle en planches tenant avec des charnières en cuir après le corps de la colombe. On rabat le couvercle aussitôt qu'on a fini de se servir de l'instrument.

Outils mobiles.

Le premier et le plus important de ces outils c'est la doloire. Nous n'entreprendrons pas de la dessiner absolument telle qu'elle doit être; car les ouvriers ne sont pas plus d'accord sur sa forme que sur la manière de l'emmancher. C'est un outil qui coûte toujours assez cher, parce que sa fabrication est difficile et exige la main d'un taillandier célèbre. Dans tout le pays orléanais, on cite l'artiste Gougis, d'Orléans, comme étant celui qui les fait le mieux et les meilleures. Les tonneliers se servent peu de la doloire : ce sont des ouvriers nommés doleurs qui entreprennent le dolage; néanmoins le tonnelier doit avoir été doleur, et il doit savoir au besoin se servir de la doloire. La fig. 94 en donnera une idée; mais, nous le répétons, il y a dans la fabrication de cet outil des attentions délicates qu'il faut observer et que le dessin ne peut rendre : il faut même être de l'état pour distinguer la doloire bien faite d'avec celle qui n'ira pas aussi bien. Aux yeux des personnes étrangères à l'art, toutes les deux sont semblables.

En emmanchant la doloire il faut avoir soin de faire dévier le manche en dehors, afin qu'il ne se trouve pas sur le même plan que l'axe de l'outil : cette précaution est nécessaire pour que la main ne soit pas froissée contre le bois. Ce manche doit être assez lourd pour former une espèce de contrepoids à la pesanteur de l'outil.

La doloire est le seul outil du doleur, aussi cet ouvrier apporte-t-il un soin particulier à se le procurer de bonne qualité et d'une façon qui facilite le travail. Or, ce seul outil exécute un travail assez compliqué, puisqu'il faut qu'il donne à la doële une forme déterminée qui n'est pas formée par des lignes droites, mais bien par des courbes insensibles. Il faut qu'en laissant tomber ce lourd outil tranchant il arrondisse en creux la planche étroite et peu épaisse qu'il pose sur champ sur le charpi, et qu'il appuie sur le charpillon (c'est le nom qu'on donne dans certaines localités aux appuis *a b* du charpi représenté vu en élévation et perspective, fig. * planche 2, vu en dessus, fig. **, et enfin vu en bout, fig. *** même planche). Il faut indépendamment de la courbe donnée sur la largeur qu'une autre courbe soit faite sur la longueur, et il doit réserver aux deux bouts de la doële des témoins, c'est-à-dire, à chaque bout, deux endroits que l'outil n'a pas touchés. Dans une pièce bien faite ces témoins ne disparaîtront jamais entièrement, et on les retrouvera même après que la pièce aura servi et sera en vidange. Les figures A et B même planche 2, représentent une doloire dessinée d'après un modèle de M. Gougis : c'est l'outil dans sa perfection, tout autre doloire sera plus ou moins bien faite, selon qu'elle se rapprochera plus ou moins de ce modèle qui a obtenu l'assentiment général des doleurs. La fig. A la représente vue du côté du biseau, celle B vue en dessus. La longueur du taillant doit être de 0 m. 365 à 0 m. 380, et sa largeur de 0 m. 17 ; son poids ordinaire est de quatre kilogrammes à quatre kilogrammes et demi, et quelquefois un peu plus.

La longueur du manche se détermine par la longueur du bras de l'ouvrier qui doit en faire usage. On la prend en mettant le bout du pouce sur le bord de la douille en tenant le manche comme si l'on voulait travailler ; et en ployant le bras, le bout du manche doit se trouver à fleur du coude.

Le doleur tient sa doloire de la main droite, le pouce placé sur le bout de la douille, le bout du manche appuyé sur la cuisse droite, le pied droit en avant le long du charpi, la main gauche sur la douele, qui d'un bout, porte sur le charpillon, et de l'autre sur la bride qui est sur le derrière du charpi, avec un encoche pour appuyer la main droite.

Le taillant de la doloire du côté de la planche doit avoir sur la longueur un cintre peu senti que l'on nomme *quiette*, et sur la largeur il faut aussi du rond ; il faut que la moitié du taillant soit droit jusqu'à 13 millimètres du bord ; à partir de ce point, on fait, à la meule, un contre biseau du côté de la planche ; ce contre-biseau est donné à la meule : on le pratique afin que l'outil puisse sortir du bois, et il suffit sans qu'il soit besoin d'arrondir la planche de l'outil. Pour déterminer sûrement la courbe de ce contre-biseau, on trace avec un compas une portion d'un cercle qui serait de la grandeur du fond d'un tonneau ordinaire, et l'on voit quelle doit être la courbe sur une étendue de treize millimètres. Quand l'ouvrier veut doler du traversin qui doit être droit, il incline un peu la planche de l'outil, et alors il dole droit comme si cette planche était droite.

Ces renseignemens, sur l'exactitude desquels on peut compter, nous sont transmis par M. Gougis lui-même. Il demeure à Orléans, rue de Bourgogne, près la barrière.

La cochoire est destinée à couper le merrain quand le tonnelier commence à le dégauchir; il sert aussi à former les *coches* ou entailles sur les cercles avant de les lier avec l'osier. On en trouve de très-bonnes chez M. Gougis et à l'Orme-St-Gervais. La fig. 95 représente une cochoire de la forme la plus nouvelle. Cet outil coûte environ 3 francs 50 centimes. On en faisait autrefois qui étaient droites. La cochoire sert aux mêmes usages que la serpe; mais est beaucoup plus commode. Nous l'avons représentée en plan et en élévation, afin d'en faire mieux saisir la cambrure.

Le *tire-fond* est fait comme un gros piton à vis (v. fig. 96). Nous dirons quel est son usage. Le prix ordinaire d'un tire-fond est de 75 centimes. On le fait de plusieurs manières : il y en a qu'on nomme façon de Mâcon, qui sont garnis en acier et qui coûtent 1 franc 20 centimes; d'autres dits façon de Blois et d'Orléans avec embases, qui coûtent de 2 francs à 2 francs 50. Nous n'en avons point donné les figures, parce que les modifications qui les distinguent sont trop peu importantes pour que nous en faisions l'objet d'un examen particulier.

La figure 97 représente un cercle de fer qui donne la dimension exacte d'une futaille ; le tonnelier a des cercles de fer pareils de différentes grandeurs pour faire des pièces de toutes sortes de jauges, tonneaux, poinçons, feuillettes, etc. En Bourgogne ce cercle se nomme *bâtissoire*, parce que c'est dans un cercle qu'on assemble les douves, qu'on bâtit la pièce; mais généralement on donne le nom de bâtissoire à un autre ustensile dont nous parlerons plus bas.

L'asse, *assau*, *assette*, *essaite*, selon les pays, est un bel outil qui est très-utile au tonnelier, et qui ne peut servir qu'à lui seul. Cet outil, représenté fig. 98, affecte plusieurs formes, qui toutes, cependant, se rapportent à la même destination : d'un côté, un marteau, de l'autre, un tranchant recourbé en dessous, concave, arrondi, la courbe revient chercher le manche de l'outil de manière qu'on ne peut couper avec cet outil qu'en le tirant à soi. Il sert à couper dans l'intérieur du tonneau pour le creuser en dedans ou l'arrondir. Quant au côté qui fait marteau, c'est avec lui qu'on frappe sur les douves pour les avancer, les faire reculer. Cet outil coûte de 4 à 6 francs, selon sa force.

La fig. 99 représente un outil analogue au premier, qui porte plus particulièrement le nom d'assette, peut-être parce qu'ordinairement il est plus petit que l'autre; il n'a point de marteau, et l'on frappe avec la tête qui est lourde et robuste. Nous l'avons représenté vu sous deux aspects, vu de face en dedans de la concavité et de profil. Cet outil porte communément le nom de *paroir*. Il coûte de 3 à 6 francs, selon sa force.

La fig. 100 représente l'assette à rogner les broches : l'outil a dans toute la longueur du fer deux décimètres environ, le manche est long de trois décimètres, la figure 101 représente le même outil vu par-dessus. Comme cet outil est assez nouveau, peu connu et très-utile, nous devons entrer dans quelques détails sur sa construction, *a* est l'outil, *b* est le manche. Le tranchant a six centimètres de largeur, le bout faisant marteau est carré et n'a que trois centimètres de côté; l'épaisseur varie entre 11 et 16 millimètres. On conçoit que cet outil, s'il était emmanché à demeure, serait très-difficile à repasser, la meule devant rencontrer le manche; long-tems avant de toucher au biseau qui se trouve en-dessous, c'est ce qui a fait naître l'idée de faire ce manche mobile à volonté, ce à quoi l'on parvient au moyen des deux arrêts en fer cotés *cc* sur la figure, visibles du côté de leur tête, fig. 101. Ces deux arrêts sont maintenus par la vis *d* qui traverse le manche. Il suffit d'ôter cette vis pour que le manche vienne dans la main; alors, en les tournant sur le côté, on peut retirer les arrêts *c*; on remet le tout en place par les mêmes moyens après le repassage.

La *plane*, dans beaucoup d'endroits on dit *plaine* et *plainer* pour exprimer qu'on se sert de la plane, est un des outils les plus usuels du tonnelier, aussi, en a-t-il un assortiment rangé en ordre sur un ratelier, les grandes par le bas, les plus petites par le haut. Ces planes affectent toutes sortes de formes; les unes sont droites, les autres courbes, les autres arrondies en croissant; nous donnerons seulement les formes le plus ordinairement employées. La fig. 102 représente la plane droite; quand on achète une plane, il faut surtout faire attention à la partie aciérée, la bornoyer pour s'assurer si elle est bien droite sur sa largeur, faire attention si elle n'a point de pailles et si, lors de la trempe, il ne se serait pas fait des criques sur son tranchant. La plane se repasse sur la meule ; on lui ôte le morfil à l'aide d'une pierre à grain fin dite *pierre à faulx*, c'est un outil qui débite vîte et avance la besogne.

La fig. 103 représente, vue par le dos et en perspective, la plane courbe destinée à creuser ; il y en a de plus ou moins courbes, plus le vase qu'on se propose de faire est petit, plus la plane doit être courbe.

La fig. 104 représente la plane droite, cintrée sur plan, dite plane d'Orléans, elle coûte 4 fr. 50 c.

La fig. 105 est une espèce de plane qui ne sert que dans l'intérieur des pièces pour égaliser les joints, on la fait couper en la retirant à soi ; *a* est le manche en fer qui forme douille, afin qu'il soit possible d'y ajouter un second manche en bois, au bout de ce manche, et après le coude est une embase *b*, puis, après cette embase il se termine par une partie filetée qui reçoit l'écrou *d*. C'est entre cette embase *b* et l'écrou *d* que se trouve serrée la lame *c* qui, par ce moyen peut être ôtée à volonté, ce qui a lieu toutes les fois qu'il s'agit de repasser le taillant. Cette plane coûte ordinairement 3 fr. 50 c

La fig. 106 offre une autre manière de faire cette même plane, plus ancienne et moins commode que celle fig. 105, nous l'avons représentée sous deux aspects afin qu'elle fût plus aisément comprise. Le prix des planes dépend de leur grandeur ; il varie entre trois francs cinquante centimes. La plane à cerceaux coûte 5 fr.

Le *bâtissoir*, appelé *étreignoir* dans certaines localités est un appareil composé de plusieurs pièces; et il y a deux sortes de *bâtissoirs*, celui des cuves et celui des tonneaux. La figure 107 représente le bâtissoir des cuves. Il est composé d'un bâti *a*, d'une traverse mobile *b*, d'une forte vis *c* et d'une corde *d*. On enveloppe la cuve qu'on veut relier avec la corde, puis en tournant la manivelle de la vis, on fait remonter la traverse *b*, ce qui serre fortement la corde.

La fig. 108 représente le bâtissoir pour les tonneaux, c'est un petit treuil *b* assujetti dans un chassis *d*, la corde *c* s'enveloppe sur le treuil; on fait le garrot de ce treuil assez long pour qu'il soit possible d'arrêter le treuil au point voulu, à cet effet, l'œil du treuil est assez grand pour laisser glisser facilement le garrot; quand on est arrivé à la pression voulue, on retire un peu le garrot et on le fait porter sur la traverse du chassis, ce qui arrête le mouvement de rotation et donne le temps de poser un cerceau sur le tonneau retreint, quand ce cercle est posé, on desserre le bâtissoir.

La fig. 109 représente le *maillet* du tonnelier, on le fait en frêne ou en charme, non ferré, il coûte 1 fr. lorsqu'on l'achète tout fait, mais, le plus souvent le tonnelier le fait lui-même; ce même maillet fretté des deux côtés, c'est ainsi que nous l'avons dessiné, est bien plus durable; son prix est de 6 fr.

La figure 110 représente la mailloche avec laquelle on frappe sur le coutre pour fendre le merrain. Elle se fait avec de l'orme ou du charme noueux.

Les *chasses* ou *chassoirs* sont de formes et de grandeurs différentes, les unes se font en bois, les autres en fer, ce sont des espèces de coins qu'on pose sur le cercle qu'on veut faire descendre vers le bouge du tonneau, et sur lesquels on frappe avec le maillet. Par ce moyen, on n'endommage point le cercle. Les coins en bois durent moins que ceux en fer; mais les maillets se détériorent bien plus promptement sur ces derniers, aussi, n'employe-t-on pour les cercles en bois que les chasses en bois, les chassoirs en fer servent pour les cercles en fer; ceux en bois ne sauraient servir à cet usage, leur angle serait trop promptement détruit parce que c'est cet angle qui supporte toute la fatigue. La fig. 111 représente le chassoir en bois, on le trouve tout fait chez les marchands au prix de 25 centimes; mais assez ordinairement, les tonneliers le fabriquent eux-mêmes. C'est un morceau de charme de fil, long de deux décimètres, large de six centimètres, épais de quatre; on y pratique un étranglement pour en rendre la prise facile.

La fig. 112 représente vu de profil et de face, le chassoir en fer, il a également deux décimètres de longueur, ayant trente-deux millimètres de carré dans toute sa longueur, excepté vers le bas où il est applati ainsi qu'on le voit en *a*; à cet endroit, il a quatre centimètres de largeur. Le côté *b* est incliné, afin que posé contre le tonneau, il y touche bien par le bas, et s'en écarte par le haut. Au moyen de cet écartement il est facilement tenu par une main, tandis qu'on frappe de l'autre. Il est également incliné par le bout afin que l'arête qui porte contre le cercle soit bien vive, ainsi qu'on le peut voir en *c* même figure. Ce chassoir se vend 1 fr. 25 c. à l'Orme St. Gervais.

La fig. 113 est le chassoir pour les cuviers, il coûte 3 fr. 50 c., il a près de trois décimètres de longueur. On y met un manche et un ouvrier frappe dessus tandis qu'un autre le tient en place. Il va en s'amincissant par le bas et est creusé en gorge de manière à présenter deux vives-arêtes, ce bas à dix-sept millimètres d'une arête à l'autre, et l'épaisseur du coin à cet endroit est de quatre centimètres; son épaisseur à l'endroit de l'œil est de 45 millimètres.

La fig. 114 représente un *sergent* en fer, l'usage a fait sergent de *serre-joint* qui était l'ancien nom. Ce ferrement sert en effet à réunir les joints, à les tenir serrés pendant que la colle prend ou pendant qu'on trace ou qu'on fait des repères. Entre les mains des menuisiers et des ébénistes, le sergent a été perfectionné; mais le tonnelier, pour qui il n'est qu'un outil accessoire et non indispensable, se sert toujours du sergent tel qu'on le faisait jadis : c'est ce qui fait que nous lui avons conservé son ancienne forme; *a* est la tige du sergent, *b* est le crochet mobile qu'on nomme par fois la *main*.

Le *compas* du tonnelier est un outil très-ingénieux et qui n'appartient qu'à cette profession, il se fait avec du bois flexible; les deux extrémités se terminent en pointe et sont garnies d'une virole en fer; on plante dans chacune de ces extrémités une broche d'acier, les pointes se rapprochent ou s'écartent au moyen d'une vis en bois qui pénètre à travers le corps du compas; cette vis est à droite d'un côté et à gauche de l'autre, quand on tourne dans un sens on fait ouvrir, on rapproche en tournant dans le sens contraire. Ce compas représenté fig. 115, coûte de 1 fr. à 1 fr. 50 c. selon la grandeur.

Mais ce compas ne peut tracer de petits cercles, c'est ce qui fait que le tonnelier doit aussi se pourvoir du compas en fer ordinaire qui coûte de 60 centimes à un franc, qui est connu de tout le monde et dont il est inutile de donner la figure. Il a également besoin d'un grand compas dont nous parlerons plus bas.

Le *jabloir* est un outil qui a quelque rapport avec le bouvet de deux pièces des menuisiers ; il ressemble aussi au trusquin. C'est avec cet outil qu'on creuse à l'intérieur, près des extrémités, les rainures circulaires dans lesquelles entrent les fonds. Ces rainures se nomment le *jable*, le jabloir, (on dit aussi la jabloire) est formé de deux pièces principales, l'une *a* fig. 1:6, n'est destinée qu'à servir de soutien à la seconde *b*, qui seule, forme la rainure. Celle *a* est ouverte vers les trois quarts de sa hauteur : cette ouverture est carrée et est destinée à recevoir la deuxième pièce *b* qui est plus large vers une de ses extrémités que vers l'autre, de sorte qu'elle ne peut entrer plus avant dans la première pièce qu'en l'y forçant et en frappant du côté le plus large. La pièce *b* porte une pièce d'acier dentée, ou espèce de petite scie *c*. En faisant entrer la pièce *b* dans la pièce *a* on fait porter la piece *a* horizontalement et de plat sur le bord des futailles quand elles ont été montées, et en conduisant l'outil en dedans, on forme avec cette espèce de scie, le jable du tonneau ou la rainure dans laquelle le fonds doit entrer.

Pour empêcher la scie d'entrer trop avant et pour qu'elle ne fasse pas la rainure trop profonde, on arrange la pièce d'acier dentée dans une palette *d* où elle est soutenue par de petits rebords, on la fait déborder de la quantité et selon la profondeur que l'on veut donner à la rainure. Quand la scie a formé le jable ; cette palette porte sur les douves, alors on ne craint point que la rainure devienne plus profonde qu'il ne convient et qu'elle ne diminue la force du merrain dans lequel on le fait.

Fig. 117 est le jabloir pour les cuves. Il sert à faire le jable des cuves. Comme les planches des fonds sont fort épaisses, il faut que le jable ait une profondeur proportionnée et un outil différent pour le former de celui qu'on emploie pour faire le jable des tonneaux. Celui-ci est également composé de deux principales pièces *a* et *b*. La pièce *a* sert de soutien à celle *b* qui doit former le jable et qui s'avance plus ou moins sur deux petites pièces de bois équarries *f f* qui sont un peu plus épaisses sur une de leurs extrémités, afin de pouvoir maintenir la pièce *a* à distance convenable.

La partie *b* porte un fer de rabot *c* qui forme la rainure : le long de l'épaisseur de cette partie *b* on dispose encore une lame tranchante *d d* qui coupe le bois, la partie *e* sert de manche pour appuyer sur l'outil quand on en fait usage et aussi pour le transporter. Nous aurons occasion de revenir sur cet outil.

La figure 118, autre jabloir pour les tonneaux; cet outil est semblable à celui figure 116, excepté que la pièce *a* qui sert de soutien à la pièce *b* forme une portion de cercle. La partie *b* porte de même dans une palette *d* une lame *c* dentée à laquelle elle sert de soutien. Cette palette *d* sert de régulateur pour que la scie n'entre pas plus qu'il ne faut, ainsi qu'il a été dit plus haut.

La figure 119 est le même jabloir vu en place et de côté.

La figure 120 fait voir la partie *a* qui sert de soutien à la partie *b* qui est celle qui fait le jable.

La figure 121 représente, vue sur une plus grande échelle, un fer de jabloir simple. Il est composé de deux pièces l'une glissant dans l'autre, les dents sont limées comme dans les scies de jardiniers, alternativement en dedans et en dehors.

La figure 122 est un fer semblable au premier, mais ayant cependant quelque chose qui le distingue dans le limage de la partie dentée. Les cinq dents qui forment la scie sont semblables à celles figure 121 ; mais, après ces dents, il se trouve un espace vide *a*; puis une dent *b* qui n'est pas limée dans le même sens que les autres. La fonction de cette dent est de nettoyer le fond de la rainure qui n'est jamais bien faite par les dents; car ces dents, comme celles de toutes les scies taillées de cette façon, font deux traits parallèles, au milieu desquelles il reste une côte en saillie: c'est cette côte que la dent *b* est chargée d'enlever.

Lorsqu'il s'agit de grandes cuves ou de très-fortes pièces, ces fers de jabloirs ne pouvant suffire, on a alors recours au fer à vis représenté figures 123 et 124. Ce fer trace au moyen des deux lames *a b*, vues de champ dans la figure 123 et de face dans celle 124, un double jable, et faisant ensuite partir le bois contenu entre ces deux jables on en fait un seul qui est égal en largeur à l'écartement des deux lames *a b*. Et comme ces lames peuvent s'écarter à volonté selon que la cale *c* qui les sépare est plus ou moins épaisse, il en résulte qu'on peut faire le jable de telle largeur que l'on veut. Ce fer n'étant pas encore très-connu, nous devons entrer dans quelques détails sur ce qui le concerne. *d d d* est la pièce principale, faite d'un seul morceau, la tige est carrée dans le haut puis arrondie et filetée. La partie filetée entre dans un écrou à oreilles *e* qui sert à fixer invariablement le fer dans la pièce mobile du jabloir.

Les lames *a b* peuvent être sorties plus ou moins selon le besoin; parce qu'elles sont fendues pour livrer passage à la vis ; ainsi qu'on peut le voir dans la fig. 124 représentant le fer vu de face, la cale *f* ôtée. Les cales, concurremment avec le chassis, forment un conducteur qui ne permet aux lames d'entrer que de la profondeur qu'il est nécessaire. Quand on a donné aux lames la saillie convenable, on les fixe invariablement dans leur position au moyen de la vis de pression *g* qui, après avoir traversé les cales *f c* et les lames *a b*, vient se visser dans un écrou pratiqué dans la partie montante du chassis; la raie qu'on remarque en *f d* est un repert qui indique la position des quatre pièces mobiles.

Les fers de jabloirs figures 121 et 122 coûtent de 1 fr. à 1 fr. 50.

Le fer à vis que nous venons de décrire coûte de 3 à 6 fr., selon la force.

Feuillet, scie à chantourner. On l'emploie principalement à couper les fonds en rond. Le feuillet a une lame très-étroite, ses dents ne sont point penchées mais droites, en dents de loup, très-aigues, on leur donne beaucoup de voie. La lame est prise entre deux chaperons en fers qui sont emmanchés dans des tourillons en bois, lesquels tournent dans les bras de la scie. Au moyen de cette disposition, la lame tourne à volonté; et comme au moyen de ce que les dents ne sont point penchées elle coupe également en montant et en descendant, il devient très-facile de faire suivre à cette lame une ligne courbe donnée, la traverse est mobile, on peut l'avancer ou la reculer à volonté. La scie se bande au moyen d'une tringle filetée par un bout qui reçoit un écrou de pression.

Indépendamment de cette scie, le tonnelier doit avoir une scie à main, une scie à débiter et des égoïnes, espèces de scies non laminées plus épaisses du côté denté que par le dos. Ces outils sont assez connus pour que nous nous dispensions d'en donner la figure. Nous avons seulement représenté le feuillet monté à la moderne, figure 125, parce que cette scie est spécialement affectée à l'art du tonnelier; nous dirons plus bas comment on l'emploie. Toute montée elle coûte 3 francs.

La *tire à barer* ou *tiretoir* sert à faire entrer de force les derniers cerceaux des futailles, elle est composée d'une pièce de bois longue de cinq décimètres environ, arrondie par le bout qui sert de manché. Le haut de la pièce est aplati et garni de plaques de forte tôle *b*. Vers le milieu de la longueur il y a une mortaise dans laquelle entre et est retenue par une forte goupille en fer l'extrémité d'une barre de fer mobile, longue de deux décimètres et demi environ, dont le bout *a* est recourbé et forme crochet. La figure 126 en fera de suite comprendre la construction.

La tire à barrer pour les cuves est construite à peu près comme le tiretoir pour les tonneaux, mais elle est beaucoup plus forte et plus longue ; le crochet, au lieu d'être d'une seule pièce, tient au manche par un ou plusieurs chaînons en fer. La figure 127 représente cette tire à barrer.

La figure 128 représente une tire à barrer pour les tonneaux d'une forme plus moderne : cet outil que l'on nomme aussi *chien*, coûte 2 fr. 25 cent. *a* est un morceau d'orme tourné, *b* est le manche, *c* la tête garnie en forte tôle que des clous ou rivures maintiennent en place ; *d* est une garniture en forte tôle ou fer battu destiné à renforcer l'endroit de la mortaise et à appuyer la goupille *e* qui fatigue beaucoup et qui doit conséquemment être forte. Cette goupille étant fortement rivée par les deux bouts assujettit solidement la garniture. *f* est le bras en fer qui s'élargit à l'endroit où il se recourbe en crochet : sur cet élargissement, on reserve une arête pour renforcer le coude qui fatigue beaucoup.

La figure 129 représente un petit maillet en bois de buis ou de cormier à manche long et flexible. On le nomme *utinet* dans quelques localités, il monte de 75 centimes à 1 franc. On en varie la forme suivant les localités : à Paris, on les fait en forme d'un double coin qui serait réuni par sa base. On a plusieurs de ces maillets de forces assorties, ils servent à faire revenir les douves qui sont trop enfoncées dans le jable, ou qui en sont dehors. La figure 130 est un autre utinet.

L'*étanchoir* est quelquefois tout simplement un couteau fait en forme de serpe; mais cet étanchoir n'est pas aussi commode que celui représenté figure 131 et qu'on trouve tout fait dans le commerce pour vingt-cinq centimes, cet outil a 8 centimètres de hauteur sur 3 et 1/2 de largeur vers le bas. Nous l'avons représenté vu sous deux aspects, de champ et de face. L'étanchoir sert à introduire de l'étoupe entre deux douves mal jointes et en général à boucher toutes les fissures qui peuvent se manifester à un tonneau ou à une cuve.

La *vrille à barrer* ou *barroir*, c'est une tige de fer de treize à quatorze millimètres de diamètre, et longue d'un mètre et quart environ, dont une des extrémités est formée en vrille dont la vis est à pas très-rampans; l'autre extrémité porte un levier en bois *a* pour tourner la vrille. Elle sert à percer les trous où l'on doit poser les chevilles qui soutiennent la barre qui fortifie le fond des futailles : c'est de là que lui vient son nom. La fig. 132 représente cette vrille.

La *bondonnière* est une espèce de tarrière qui va toujours en s'élargissant par le haut. C'est avec cet outil que l'on forme au milieu du bouge d'un tonneau le trou évasé qu'on ferme avec une bonde ou bondon. La mèche faite en bon acier est longue de seize à vingt centimètres; sa figure est celle d'un demi-cône creusé en dedans et tranchant par les bords; le diamètre vers la base est de cinq à six centimètres; l'autre extrémité qui forme la pointe du cône, est limée en vis de vrille. On tourne cet outil jusqu'à ce qu'il ne trouve plus à mordre, ou bien jusqu'à ce que le trou soit de la grandeur ordinaire. La fig. 133 représente la bondonnière la plus simple et telle qu'on la faisait anciennement.

Mais comme pour percer un trou évasé dans une planche mince, et un trou d'un assez grand diamètre, il faut prendre beaucoup de précaution pour ne point fendre le bois ni le faire éclater, et que malgré toutes les attentions qu'on peut avoir, cette opération est encore difficile, le bois ne devant pas être écorché, mais coupé également net sur le bout et sur le fil : on a eu recours à des instrumens plus parfaits que nous avons dessinés d'après des modèles qui nous ont été communiqués dans l'établissement de l'Orme-St-Gervais. La fig. 134 représente une bondonnière qui se rapproche assez des anciens modèles relativement à la cuiller *a*, mais on y a ajouté un manchon *b*, cône tronqué suivant l'inclinaison des côtés de la cuiller. Ce manchon est cannelé à vive-arête, ainsi que nous l'avons représenté, ou bien il est taillé en râpe comme dans la fig. 135, ci après. Lorsque la cuiller a fait le trou, on le rode et on l'agrandit à l'aide du manchon *b*.

La fig. 135 représente une autre bondonnière qui est taillée en râpe sur tout le cône. Quand on a fait un petit trou avec une mèche ordinaire, on l'agrandit en tournant la râpe, qui le fait très-régulier, sans risquer de fendre la douve, ni de la faire éclater. Cette bondonnière coûte 7 francs, ainsi que celle à cannelures et celle à râpe dont il vient d'être parlé.

Mais on n'a pas encore jugé tous ces outils suffisans puisqu'on en a faits qui sont encore plus compliqués et qui réunissent les qualités diverses des autres. La bondonnière mâconnaise, représentée fig. 136, est un bel outil qui coûte 16 francs. Comme les autres bondonnières, elle forme un cône entièrement rond jusqu'au tiers de sa hauteur (voyez *a* fig. 136). Ce cône qui est parfaitement dressé à l'extérieur et fait sur le tour, est fendu sur le côté en *b*, et dans cette fente est logé un fer bretté qui se fixe à l'intérieur au moyen de la vis *c*, et qui, par le haut, près le collet de la bondonnière, tient en *d* au moyen de la pression, étant entré juste. Ce fer bretté peut être retiré à volonté en ôtant la vis *c*; cette facilité est nécessaire lorsqu'il s'agit de limer le fer pour le rendre coupant; mais on a rarement besoin de faire cette opération, car ce fer n'est pas sujet à s'émousser promptement. A partir du tiers de sa hauteur, le cône est coupé, et le haut forme une cuiller, comme à l'ordinaire, affûtée, bien tranchante le long de ses côtés, et terminée par le bout par une vis en vrille; de plus la partie convexe *d* de la cuiller est taillée en râpe. On peut ne faire entrer la bondonnière que de la quantité qu'il est nécessaire, et n'importe à quelle profondeur qu'elle soit le trou est toujours parfaitement rodé.

Enfin on a fait la bondonnière du brasseur, qui va très-bien, mais qui ne fait point un trou évasé, mais bien un trou cylindrique. Les figures 137, 138, 139 en feront comprendre le mécanisme.

a est une douille d'acier taillée sur son champ supérieur en scie de jardinier, c'est-à-dire à dents alternées. Cette douille est retenue sur le fût au moyen d'une broche transversale *b* non rivée, et qui peut être enlevée à volonté, lorsqu'il s'agit de limer les dents de la scie; au milieu du fût est placée à demeure la vrille *c*. Cette scie ou trépan *a* enlevant le morceau qui est encore maintenu par la tige de la vrille *c*, il deviendrait impossible de retirer le disque enlevé, si on n'avait prévu cette difficulté en mettant par-dessus la douille dans des encastremens pratiqués pour les recevoir les deux repoussoirs *d d* vus à part fig. 138. Ces repoussoirs sont faits en fer écroui; au moyen de la paillette *d'*, ils font ressorts doux en montant et en descendant. Quand on veut vider la douille *a* du disque de bois qui la remplit, on frappe sur les coudes *d''*, des repoussoirs *d*, et alors la pièce enlevée ressort facilement. Pour les remettre en place, on frappe sur le bout recourbé d^2. Ce trépan tourne au moyen des deux leviers *ee* faits en bois dur et liant, et qui sont emmanchés dans le fût, renforcé à cet endroit par deux frettes en fer *ff*. Ce fût est terminé par une virole en fer épais *g* qui frotte contre la rondelle en cuivre *h*. La poignée *i* est également renforcée par une virole en fer épais *j*. Voici comment cette poignée est assujettie : l'arbre *k*, fig. 139, est enfoncé à demeure dans le fût, il traverse la poignée *i* dans laquelle il passe à frottement doux, puis il reçoit sur son extrémité filetée un écrou de maintien qui est serré avec une clé à goujon; cet écrou est entièrement noyé dans le champignon.

Dans ces deux figures, celle 139 offrant la coupe de la poignée, les mêmes lettres se rapportent aux mêmes objets. La bondonnière de brasseur coûte 15 francs.

Le *perçoir* du tonnelier est un vilebrequin ordinaire, mais qui cependant affectait autrefois une forme particulière; la partie courbée était retenue après le champignon au moyen d'une bride en fer; maintenant, dans presque toutes les localités, les tonneliers ont adopté la forme des vilebrequins ordinaires, c'est-à-dire ceux en fer dont se servent les menuisiers et les serruriers. Quant aux mèches, ce ne sont plus leurs mèches à quatre biseaux, qui avaient cependant leur utilité; mais la mèche à trois pointes ordinaires. Ce changement n'est pas avantageux, c'est pourquoi nous donnons l'ancienne figure sous les n$_{os}$ 140 et 141; mais comme la construction n'est point facile à saisir, nous la dessinons à part et plus en grand fig. 142. Cette mèche fait un trou conique, ce qui est assez commode pour le placement des cannelles dont la queue est toujours un peu conique. La mèche à trois pointes ordinaires fait le trou cylindrique. Quand on veut placer une cannelle avec la mèche fig. 142 (nous dirons plus bas à quel endroit on doit percer le trou), on perce le trou assez profondément, mais en laissant toutefois au fond de ce trou une épaisseur de bois la moins considérable possible, mais cependant suffisante pour retenir le liquide. On s'assure de l'épaisseur du bois qui reste au moyen de la pointe *a*, quand elle ne fait qu'atteindre le liquide :

le trou qu'elle fait se colore ou s'humecte un peu. On peut encore, dans cet état, enlever du bois, jusqu'à ce que le vin jaillisse par un trou à peu de chose près aussi grand que la base de cette pointe; on peut être sûr alors qu'il ne reste que très-peu de bois, et ce bois cède à l'effort de la cannelle qu'on y introduit vivement, et en appuyant dessus pour faire sauter le petit disque de bois qui reste au fond du trou; par ce moyen, il ne peut s'échapper que très-peu de vin pendant la pose de la cannelle.

Pour obvier encore davantage à la fuite du liquide, on a inventé des mèches coniques qui paraissent fort ingénieuses, et dont cependant il ne paraît pas que les tonneliers fassent un usage constant. Ces mèches coniques sont en cuiller ou à trois pointes. Celles à cuiller servent plus particulièrement pour mettre en perce les barriques d'huile. Les figures 143 et 144 représentent vues de face et de profil une de ces dernières cuillers. *a* est la soie carrée qui entre dans le baril du vilebrequin; *b* est une partie ronde, pleine, cône tronqué, qui sert de bouchon lorque le trou est fait; *c* est la cuiller: cette mèche ne laisse au dedans aucun copeau. Le bouchon *b* s'engageant dans le trou aussitôt qu'il est fait, aucune partie du liquide ne peut s'échapper. On laisse la mèche dans le trou, et on s'apprête, en tenant la cannelle de la main droite, à la substituer adroitement et subtilement à la mèche que l'on retire de la main gauche : il n'y a de la sorte que très-peu de liquide qui puisse s'échapper. La figure 145 représente cette même mèche, mais terminée par le bas par une pointe centrale *d*, un traçoir *c* et un couteau *e*, comme dans les mèches à trois pointes ordinaires. Nous l'avons représentée vue de trois quarts et en perspective pour qu'elle soit plus facilement comprise.

Nous ne donnons pas le prix marchand de ces outils, parce que ce prix varie selon le diamètre de mèches.

La fig. 146 représente le grand compas à tracer les fonds des cuves. Il est formé de deux branches en bois, la pointe de ces branches est garnie de fer. Au quart de ce compas, à compter de sa tête, est une portion de cercle arrêtée dans l'une de ses branches, et dont le contour suit le mouvement de l'autre qu'elle traverse; à cette seconde branche, est une vis qui sert à la fixer sur la courbe à telle distance que l'on veut.

Le *tire-bonde* est un instrument qui sert, ainsi que l'indique son nom, à ôter la bonde d'un tonneau. Sans doute la batte sert à cet usage dans beaucoup de cas; mais il se trouve des circonstances où son emploi est insuffisant : il faut alors avoir recours au tire-bonde, fig. 147. La poignée *a* servant de levier est en bois, tout le reste est en fer; la tige *b*, tourne dans une douille située au milieu du fer à cheval *c*, puis après avoir traversé cette douille elle se termine en *b* par une vis tire-fond. Le fer à cheval est le butoir, qui, appuyant sur la douve pendant que la vis *b* pénètre dans la bonde, force cette dernière à quitter sa place; la hauteur totale de l'instrument depuis la poignée jusqu'au bout du tire-fond, est de dix-huit centimètres, l'écartement des deux extrémités du fer à cheval-butoir, est d'un décimètre et quelque chose, cet instrument varie de prix selon sa force; les plus chers coûtent 5 fr.

La fig. 148 représente l'instrument nommé grippe-talus, il est tout en fer et coûte un franc. Sa longueur totale est de seize centimètres, son épaisseur de huit à dix millimètres, sa largeur de quinze millimètres, par le bas ; à l'endroit où il est courbé, le fer est aplati et l'espèce de tranchant qu'il forme a trente-cinq millimètres. On réserve en *b* un heurtoir sur lequel on frappe avec le marteau tandis que du côté *c* il est très-aplati afin de pouvoir, au besoin, servir d'étanchoir.

La fig. 149 représente une espèce de petit ciseau coudé par le bas comme un pousse-avant et que l'on nomme *dévertagoir;* il a un décimètre et demi en longueur, il est carré dans sa coupe jusqu'à son coude *a*, à cet endroit il commence à s'élargir et son tranchant *b* a deux centimètres de largeur. Cet outil dont le prix est de 60 centimes environ, sert à couper les broches et à égaliser l'orifice des trous.

Le *goujonnoir* représenté en place fig. 150 et en élévation fig. 151, est un outil peu connu et cependant très-commode. Dans certains pays on goujonne le fond des cuves et des grosses pièces, c'est-à-dire que les planches ne sont pas simplement juxtà-posées ; mais qu'elles sont encore assemblées au moyen de goujons en bois. On nomme ainsi des cylindres en bois gros comme le petit doigt, un peu plus, un peu moins, selon l'épaisseur du traversin, et longues d'un décimètre environ qu'on fait entrer mi-partie dans une planche, et mi-partie dans celle qui l'avoisine; on fait les trous avec une mèche ordinaire. Quant au goujon qu'il serait très-long de faire à la main et qui ne serait correct qu'autant qu'il serait tourné, on le fait très-promptement avec le goujonnoir; à cet effet, on taille grossièrement un morceau de bois de fil qui doit être un peu plus fort que le goujon à faire, puis, après lui avoir donné un peu d'entrée en faisant un bout moins fort que l'autre, on fait entrer cet endroit affaibli dans le trou *a* du goujonnoir; ce trou est garni d'acier et est tranchant tout autour de son orifice, le bois engagé y est chassé à coups de marteau ou de maillet, et il sort par-dessous parfaitement rond et calibré; les quatre trous *b b* servent à fixer le goujonnoir avec des vis sur un morceau de bois dur, qui est aussi percé vis-à-vis le trou *a*. Il y a des goujonnoirs qui ont plusieurs trous assortis, dans lesquels on peut faire des goujons de diverses grosseurs. Celui que nous avons dessiné est long de près de deux décimètres, large de deux centimètres et demi, épais de trois centimètres à l'endroit du trou; les extrémités vont en s'amincissant. Le prix de cet outil est de trois à cinq fr., selon la force.

Le *foret* fig. 152, est aussi nommé *coup-de poing*, *giblet*, il sert à percer le tonneau d'un seul coup; la pointe *a* est contournée en vis de vrille, il y a une embase *b* qui détermine la portée de l'outil. L'expérience a fait reconnaître que si l'on frappait avec une mèche droite on ferait fendre la planche, tandis qu'avec une tige tordue le trou se fait net, ce trou est bouché avec un petit cône de bois dur qu'on nomme fosset. Le noisetier fournit les meilleurs fossets. Un foret ordinaire coûte 1 fr. 50 c. Celui que nous avons représenté coûte 3 fr., parce qu'il est disposé de manière à recevoir des mèches de rechange. La poignée est en corne, les deux bouts *a* sont des cuvettes en cuivre; à l'intérieur du manche, au milieu, en-dessous est encastré un écrou en fer dans lequel s'engage la vis qui termine la mèche par le haut, ainsi qu'on le peut voir par la fig. 153 représentant le haut d'une mèche de rechange.

La fig. 154 représente le coûtre avec lequel on fend le merrain. Cet outil n'est pas, strictement parlant, un outil de tonnellerie, cependant il doit figurer ici, car le tonnelier peut être appelé à en faire usage; on le tient d'une main par le manche, tandis qu'on frappe de l'autre avec la mailloche fig. 110. Il semble au premier aperçu que rien n'est plus facile que l'emploi de cet outil, hé bien! il faut encore une main exercée pour le conduire convenablement, selon qu'on incline plus d'un côté ou d'autre on fend plus ou moins droit; il ne faut qu'un mouvement de main presqu'inappréciable pour reprendre le fil et fendre suivant une ligne donnée.

Les fig. 155 et 156 représentent des cercles en fer composés de plusieurs pièces, dont les tonneliers se servent pour retenir une futaille lorsque plusieurs cercles viennent à manquer, et pour l'assurer dans le transport d'une place à une autre.

Fig. 157 *b c*, portions d'un cercle de fer pour entourer une futaille *a a*, pièces servant à resserrer les portions de cercles au moyen d'un écrou.

Fig. 158 et 159, clefs dont on se sert pour tourner l'écrou qui rassemble les différentes pièces de fer faisant partie du cercle dont nous venons de parler.

Le tonnelier doit en outre avoir dans son atelier divers rabots, 1° un rabot droit tel que les menuisiers l'employent, 2° un rabot cintré en creux, 3° un rabot cintré dans le sens contraire.

La fig. 160 représente la rouanne avec laquelle le tonnelier marque ses pièces. L'art de l'ouvrier consiste à tracer avec cet outil toutes sortes de signes, lettres, chiffres, etc. Il y a des rouannes à un, à deux, à trois cercles; nous avons choisi celle à deux cercles, elle coûte

2 fr. 50 c. Certains tonneliers ont des empreintes en fer qu'ils font chauffer et qu'ils impriment sur le fond des pièces; mais la rouanne est l'instrument à marquer le plus généralement employé.

Quant aux autres instrumens et outils qui doivent aussi garnir l'atelier du tonnelier, nous en parlerons au fur et à mesure qu'il sera besoin dans le détail des opérations de la fabrication. En général, ils sont peu importans, ceux que nous venons de décrire étant presque suffisans à tous les besoins.

TROISIÈME PARTIE.

FABRICATION.

§ 1er. *Première préparation que le tonnelier donne au merrain et au traversin.*

Le tonnelier muni des outils propres à son métier et du bois dont il doit construire les tonneaux, choisit celui qu'il veut employer et met à part les outils qui doivent servir au premier travail de son merrain et de son traversin. Ordinairement c'est l'hiver qu'il prépare son bois, qu'il taille ses douves et ses fonds et les met en état d'être montés. Cet ouvrage étant achevé, la plus grande partie de son travail est faite; il ne lui reste plus pendant l'été qu'à joindre ses douves, ou en termes de tonnelier, à *monter les tonneaux et à les relier*. Le tonnelier a besoin pour façonner son merrain, du rabot, de la colombe, de la plane, de la selle à tailler, du charpi, de la cochoire, de la doloire, de la scie à chantourner, du coûtre et de la mailloche; ces outils amenés et son bois amené, il commence son travail.

Pour dégauchir son merrain, il prend un tas de ces planches qu'il pose contre le charpi ou billot; et pour en former les douves de ses tonneaux il les travaille séparément. Il place une de ces planches sur le billot fig. 90 et 91, en la faisant porter sur les *hausses* ou *échasses* et la diminue d'épaisseur avec la doloire; il en ôte les inégalités et l'unit en coupant toujours le bois de travers. Cet outil est large de lame et pesant, les justes proportions de la lame avec le manche et leurs pesanteurs bien balancées le rendent aisé à manier. Ce travail demande de l'adresse de la part de l'ouvrier. Le tonnelier dole en appuyant le bout du manche de la doloire sur sa cuisse, il pose le pouce sur le manche de l'outil; sa main sert principalement à diriger la doloire, et le mouvement qu'il donne à sa cuisse facilite beaucoup cette opération. La doloire pèse ordinairement cinq à six kilog., et l'outil n'agit presque que par son poids. Doler est le travail le plus rude et le plus difficile du tonnelier. Peu d'ouvriers dolent bien et promptement. Aussi, dans les grands ateliers où l'ouvrage se trouve distribué à chaque ouvrier, on fait grand cas du doleur. Cet ouvrier est aussi très-chèrement payé.

Comme la hauteur de la cuisse du tonnelier est une donnée variable, il faut nécessairement se conformer à cette donnée pour la hauteur que doit avoir le billot destiné à porter la planche que doit travailler celui qui dole, et faire ensorte qu'en opérant il se trouve le moins géné possible.

L'ouvrier qui dégauchit le merrain pour en former

des doiles, diminue de leur épaisseur dans certaines parties, et dans celles-là, elles se trouvent réduites à peu d'épaisseur (8 à 9 millimètres), tandis que d'autres endroits conservent toute leur épaisseur (1 centimètre et demi à 2 centimètres qu'elles devraient avoir sur toute leur longueur).

Une des surfaces de chaque douve doit nécessairement former une partie circulaire, aussi le tonnelier s'étudie-t-il à donner cette forme seulement à celle des surfaces qui doit former l'extérieur du tonneau ; à l'égard de l'autre surface de la douve qui se trouvera dans le tonneau, comme il importe peu que, dans cette partie, la futaille tienne de la forme d'un polygone, on se contente de la dresser et de l'unir. Le tonnelier taille donc en dos-d'âne une des surfaces de son merrain, en abattant de chaque côté sur toute la longueur de la douve un peu de son épaisseur, et lui laissant du renflement dans le milieu : c'est cette préparation qu'on appelle *tailler en roue* (V. fig. 151).

La planche étant bien dressée sur la surface intérieure du tonneau et arrondie sur l'extérieur, il s'agit de préparer les côtés. Il y a deux remarques à faire sur la forme du tonneau qui prescrivent le travail du tonnelier, 1° on sait que le tonneau est plus renflé vers sa partie moyenne que vers les extrémités ; c'est ce qu'on appelle le *ventre* de la pièce, ou plus communément le *bouge*.

Pour se représenter la forme d'un tonneau et en prendre l'idée la plus juste qu'il est possible d'en donner, nous avons dit qu'on pouvait le regarder comme deux cônes, à côtés courbes, qui seraient réunis par leur base, C'est à l'endroit de cette réunion que se trouve le bouge, et aussi où l'on place l'ouverture du bondon; ainsi chaque douve doit aussi avoir plus de largeur dans cette partie *c* que vers ses extrémités *e d* fig. 162.

2° Le tonneau étant formé par plusieurs douves arrangées circulairement les unes à côté des autres, pour que les côtés de ces douves se touchent sans laisser d'intervalle, il faut que les douves, dans leur épaisseur, fassent une espèce de biseau ou aient une certaine pente; c'est-à-dire qu'en regardant la douve comme formée de deux surfaces, celle qui doit être à l'intérieur du tonneau doit être moins large que celle qui doit se trouver à l'extérieur.

Pour rendre ceci encore plus sensible et régler la direction de ce biseau, il faut se figurer les douves arrangées circulairement les unes à côté des autres et le tonneau monté (V. fig 163). Pour que les douves puissent prendre la forme du tonneau, il faudrait que ce biseau fût taillé suivant un rayon, qui, de la surface extérieure de la douve, irait se rendre au centre du tonneau *a*. Cependant ce n'est pas absolument sur cette direction que le tonnelier se règle en faisant son *clain* (c'est le nom qu'on donne au biseau). Il fait bien ensorte que les douves se touchent par leur surface intérieure; mais il donne au clain de chaque douve une obliquité moins considérable qui éloigne les deux surfaces extérieures, et qui laisse sur la partie visible du tonneau un espace *b* entre une douve et sa voisine (V. fig. 164). Les ouvriers appèlent cet espace *la serre* : elle est nécessaire pour faciliter le resserrement, la compression du bois. On opère ensuite cette compression par le moyen des cercles qui retiennent les douves. Pour lors les rayons *c, a* fig. 163, imaginés partant de la surface extérieure de la douve, deviennent convergens au centre, et nous avons dit qu'il le fallait ainsi pour que les douves ne laissassent aucun intervalle entre elles. Pour faire son fût plus renflé vers le milieu que vers les extrémités, il commence donc par diminuer chaque douve de largeur vers les deux bouts, et laisse au milieu de la planche toute sa largeur : c'est l'œil qui lui indique la quantité de cette diminution; d'ailleurs elle n'est point fixe; elle doit être plus ou moins forte, suivant que le merrain qu'il travaille est plus ou moins large; la seule inspection de sa douve, posée de champ et vue sur sa largeur, lui indique si le sommet de l'angle est bien pris sur la partie moyenne de la planche : il n'a point d'autre règle plus sûre ni plus exacte, et ce coup-d'œil suffit, car on voit peu de tonneaux varier dans leur forme, ils se ressemblent tous. Il est vrai qu'il lui reste une ressource pour rectifier la forme de la futaille; mais il sera tems d'en parler lorsque nous en serons au chapitre des moyens employés pour monter la futaille.

Ces premières préparations que l'on fait subir aux douves sont faites, comme nous l'avons dit, sur le charpi. Après avoir dressé la douve, avoir taillé les surfaces, dont l'une droite et l'autre en roue, c'est-à-dire bombée, l'ouvrier donne sur cette planche qu'il tient presque verticale sur son champ, un coup de doloire, en commençant à emporter du bois vers sa partie moyenne *c*, fig. 162, et en continuant jusqu'à ses extrémités *e d*.

Quand ce côté de la douve est préparé, il la retourne dans sa main, et en fait autant de l'autre côté. Ensuite, pour ne pas perdre de tems, et sans quitter l'outil qu'il tient de la main droite, il change sa douve, bout pour bout, en la jetant en l'air et la retenant de la même main ; il recommence le même travail sur l'autre extrémité.

Il se sert encore, pour perfectionner cette préparation, de la plane et de la selle à tailler. La douve y étant placée, il en diminue, s'il le faut, la largeur, en commençant, comme nous l'avons dit, par le milieu, et en emportant toujours d'un côté et d'autre, jusqu'à ce que cette diminution soit régulière ; on retourne ensuite la douve bout pour bout, on l'assujettit de même sous la serre de la selle à tailler, et on recommence ce même travail toujours en allant du milieu vers le bout.

Enfin on achève en passant le bois sur la colombe. Cet instrument règle mieux la diminution à faire à la douve, et on peut changer cette diminution en appuyant plus ou moins sur la planche qu'on passe sur la colombe et en l'inclinant un peu quand on veut former le clain de la douve ; on continue cette manœuvre jusqu'à ce que la planche soit régulière. Le coup-d'œil suffit ordinairement pour juger de cette régularité, et si on a besoin de mesure, c'est le doigt qui en sert. On le place vers les extrémités de la douve, et on juge par ce simple procédé de combien est la diminution faite aux extrémités de la douve et de quelle quantité elle se trouve plus large dans le milieu. Cette diminution sur une douve de largeur moyenne, et d'un mètre de longueur environ est d'un centimètre et demi à deux centimètres.

Quelques tonneliers ont l'attention de finir une douve avant d'en commencer une autre, et ils présentent sur cette douve qu'ils ont faite le plus régulièrement qu'il leur a été possible les autres douves qu'ils travaillent et qui doivent servir à une futaille d'un même modèle,

Pour pratiquer sur l'épaisseur de la douve la pente dont nous avons parlé, l'ouvrier penche un peu la douve en la faisant passer sur la colombe du côté où il veut former le biseau, et en appuyant sur elle il la promène dans toute sa longueur sur l'instrument. Par ce moyen il enlève une partie de sa largeur, mais plus du côté de la face plate que de celle qui est en roue. Cette opération recommencée de l'autre côté rend sa surface intérieure moins large que la surface extérieure, ce qui, comme nous l'avons dit plus haut, permet aux douves arrangées circulairement de se rassembler parfaitement, de façon que les pièces liées et serrées ne laissent aucun espace par où la liqueur puisse s'échapper.

Pour donner aux douves la forme circulaire que doit avoir une de ses surfaces, et pour former sur leur épaisseur le biseau ou le clain, quelques ouvriers ont des modèles taillés sur des portions de douves. Ce sont des espèces de patrons nommés *panneaux* ou *cerches*, sur lesquels ils présentent la douve qu'ils se proposent de tailler, et ils font en sorte, en l'appuyant le long de cette planche, qu'elle suive parfaitement le contour de la courbe que l'on a donnée au modèle. Quelques ouvriers nomment ce patron le *crochet*. Les figures 165 et 166 représentent ces instrumens.

On a différens crochets, et chacun porte une portion de la courbe du tonneau que l'on veut construire. Ainsi pour former, par exemple, le crochet d'un quart ou d'une demi-queue, on aura dû décrire sur une planche, avec un compas ouvert de la dimension du rayon du quart ou de la demi-queue, une portion de la circonférence de ces pièces; et, à chaque douve que construit l'ouvrier, il la présente le long de cette courbe pour l'exécuter sur l'une des surfaces de la douve qui doit être employée à former cette pièce. Nous verrons que dans certains vaisseaux comme cuviers, baignoires, et généralement tous ceux dont les différentes parties ne forment pas des cercles réguliers, les douves ne portent pas toutes une même courbure, et que, dès-lors, il faut un double crochet pour aider à former ces différentes courbes.

Sur les crochets dont nous venons de parler, on n'a pas achevé de décrire la courbe dont nous avons fait mention, mais on a terminé une de ses extrémités par une échancrure *a* ou un angle mixtiligne formé par la courbe et par une ligne qui vient aboutir à cette partie de la circonférence du tonneau que représente le crochet. Cette ligne *a* doit servir à donner l'angle au biseau qui doit se trouver sur l'épaisseur de la douve, et qui doit être tracé, comme nous l'avons dit, de façon que cette ligne ne forme pas tout à fait un rayon du tonneau; car les douves taillées sur ce patron étant réunies, doivent se toucher par leur surface interne et laisser un espace extérieurement. Cet espace ne se trouve rempli que lorsque les cercles placés serrent les douves; pour lors le bois se comprime, et cet intervalle extérieur entre les douves disparaît entièrement, et c'est alors que le biseau devient un rayon de la circonférence.

Pour tracer ce crochet et la ligne *a b* dont nous venons de voir l'usage, le tonnelier prolonge par un trait sur sa petite planche, la courbe *a b* fig. 167, qui est déjà tracée, et la mène jusqu'en *c*; il prend son compas qu'il ouvre d'une petite quantité, la moindre est le mieux : il trace un cercle, et la prolongée de la courbe forme une corde qui coupe le cercle; il élève une perpendiculaire sur cette corde qui, à l'endroit où elle coupe la première, donne la pente de la ligne *a b*, dont nous parlons, destinée à diriger l'obliquité du biseau de la douve.

Les douves préparées, le tonnelier les met à couvert et les arrange par piles, lit par lit, les unes à côté des autres en croisant le premier rang par le second, et ainsi de suite, en plaçant toujours alternativement le rang supérieur dans un autre sens que l'inférieur; il les laisse dans cet état jusqu'au tems où il compte s'en servir pour construire ses tonneaux.

Le tonnelier prépare ensuite son traversin, nous avons dit qu'on nomme ainsi le bois qui doit lui servir à faire ses fonds, il le place sur le charpi, et, avec sa doloire, il unit une de ses surfaces, et dresse sa planche. Cette opération, comme toutes celles du tonnelier, doit être faite avec célérité.

On acquiert bientôt l'habitude de travailler aisément le bois. et de le manier avec dextérité. Cela dépend en partie d'un tour de main pour retourner la planche et la changer de surface, ou en la jetant en l'air, comme nous l'avons dit plus haut, et la retenant de la même main pour la changer bout pour bout. Si le traversin est trop épais, le tonnelier se sert du coûtre, fig. 154, pour en faire deux planches en le fendant, lesquelles planches peuvent quelquefois lui servir toutes les deux; il place pour lors la lame du coûtre sur le milieu de l'épaisseur de la planche, et frappant dessus avec la mailloche dans le sens des fibres du bois, il oblige le coûtre à entrer dans la planche; il appuie ensuite sur le manche de l'outil, et divise ainsi la planche suivant son épaisseur et dans toute sa longueur. C'est l'adresse du tonnelier de bien conduire son outil pour garder le milieu de la planche. Les fendeurs qui font des cerches, des lattes, des charniers, des cercles, etc., se servent aussi du coûtre, qui devient d'autant plus difficile à manier que la pièce à fendre est longue (voyez l'explication de la figure 154 donnée ci-dessus).

Il n'est nécessaire ici que d'unir une des faces du traversin, celle qui doit faire la partie extérieure du fond; on laisse sans aucune préparation la surface qui doit se trouver située à l'intérieur; il faut ensuite dresser les côtés du traversin qui forment son épaisseur; on passe à cet effet chaque planche sur la colombe; et en tenant cette planche dans une position verticale, on unit les côtés, pour que ces planches placées l'une contre l'autre, ne laissent aucun intervalle entre elles et se joignent exactement; pour s'en assurer, avant de quitter la planche qu'on a dressée sur ses champs, on a toujours soin de la présenter contre une autre finie, pour voir si ces côtés rassemblés l'un contre l'autre, se rapportent bien.

Le traversin ainsi dressé et les côtés bien unis, on les met en pile comme on a fait pour le merrain, il doit rester en cet état jusqu'à ce qu'après avoir fait les futailles, on veuille les *foncer*, c'est-à-dire y mettre les fonds.

§ 2. *Moyens employés pour bâtir et monter un tonneau.*

Vers le printems, le tonnelier monte ses tonneaux. L'ouvrage de l'hiver que nous venons de décrire, a consisté à préparer, à doler et à dresser les douves qui doivent former le cylindre, ainsi que les fonds de ses fûts : cela fait la partie principale et la plus difficile de son travail. Quand il veut bâtir ses tonneaux, il va chercher les douves dans l'endroit où il les a placées et où elles ont été arrangées en pile.

Pour nous fixer dans la description des opérations qui auront lieu, lorsqu'il s'agira de monter un tonneau, prenons pour exemple une demi-queue ou un poinçon. On commence par lier quatre cercles qui ont des dimensions conformes à celle qu'on veut donner à la pièce. Deux cercles doivent être placés à un décimètre et demi environ du bondon, un de chaque côté et avoir par conséquent un diamètre égal à celui du fût près le bouge: les deux autres cercles doivent être placés près du jable et avoir le même diamètre que le tonneau aura en cet endroit. Le tonnelier, pour ne point se tromper, a ordinairement plusieurs cercles de fer de différentes grandeurs suivant la jauge du tonneau qu'il se propose de construire : c'est sur un de ces cercles de fer qu'il plie les premiers cerceaux dont nous parlons. Il arrange dix-huit ou dix-neuf doiles pour former sa futaille; on comprend aisément que, lorsque ces douves sont étroites, il en faut beaucoup davantage. Il les dresse debout, et les posant les unes sur les autres, il leùr donne une certaine inclinaison (V. figure 168), pour les retenir toutes avec le secours d'une seule douve, qui, placée en arc-boutant dans une inclinaison contraire aux premières, soutient toutes les autres. Quand il peut se placer le long d'un mur, il n'a pas besoin de ce moyen pour soutenir ses douves ; il les appuie contre ce mur à portée de l'endroit où il bâtit son tonneau.

Il prend un des cercles qui doivent régler la dimension du tonneau sur le jable, il fait prendre un peu son tire-fond dans le cercle *b*, il appuie la première douve contre ce tire-fond. C'est la douve la plus large qui doit être placée la première, lorsqu'elle est en place il la retient avec la main gauche ou bien s'il n'emploie pas le tire-fond, il se sert d'une fourche en bois semblable à celles qui servent à fixer le linge à sécher sur les cordes; cette fourche maintient le cercle et la doile. A côté de cette première, il en range d'autres ainsi qu'il est indiqué dans la figure 169, jusqu'à ce que le cercle soit garni. Rarement ces douves se trouveront être justement de la largeur voulue pour remplir exactement le cercle; alors, quand il n'y a plus qu'un petit espace à remplir, on ôte une petite douve et on la remplace par une plus large; ou bien on en ôte deux étroites et on en met une plus large à elle seule que les deux qu'on a ôtées, ou bien on en ôte une large et on la remplace par des autres ayant plus de largeur à elles deux, ou en retourne quelques-unes de bout en bout pour trouver à assortir, etc., etc. Quand il n'y a pas moyen de remplir le cercle, on se décide à en prendre une plus large que les autres et on l'ajuste en la diminuant progressivement sur la colombe après avoir mesuré avec une paille combien il faut ajouter ou retrancher pour arriver juste.

Pour s'assurer si les douves ne forment point dans leur ensemble un cercle plus grand d'un bout du fût que de l'autre, il les retourne toutes bout pour bout, les arrange comme il a fait la première fois. C'est ce que le tonnelier appelle *batourner*. Il mesure de nouveau la distance entre les douves avec la paille, et cette paille lui apprend si ces douves sont d'égale largeur sur leurs deux extrémités, et c'est sur cette mesure qu'il arrange sa nouvelle douve en lui donnant les dimensions indiquées par la paille. S'il y a trop à enlever, c'est sur la selle à tailler qu'il enlève le superflu avec la plane, sauf à dresser ensuite sur la colombe et à lui donner la pente qui lui est nécessaire pour qu'elle joigne exactement avec les autres douves. Cette douve que travaille le tonnelier, doit servir encore à donner au tonneau la forme prescrite, et c'est à l'aide de cette dernière opération que l'on fait en le bâtissant, que le tonnelier corrige la forme irrégulière que pourrait lui avoir donné la diminution que nous avons dit qu'on était obligé de faire sur la largeur des douves, depuis leur milieu jusqu'à chacune de leurs extrémités pour former le bouge.

Si cette diminution n'a pas été faite également sur les deux extrémités des douves, le tonnelier arrange sa nouvelle douve sur l'observation qu'il en a faite, et cette douve qui doit finir le tonneau étant achevée, il la met en place.

Quand son cercle est garni de douves, il les frappe toutes en-dessus, ensuite en dedans pour les faire rentrer l'une dans l'autre et se joindre exactement. Il met un second cercle plus large que le premier et qui descend au-dessous de celui qui a servi de règle pour donner les dimensions au tonneau (V. la figure 170). Ce second cercle est ordinairement nommé *cercle du bouge* : il sert encore à retenir les douves. On frappe sur ces cercles pour les faire serrer et on donne aussi quelques coups sur les douves pour les empêcher de *revenir*.

Il ne s'agit plus que d'arranger l'autre bout du poinçon. Pour cela, le tonnelier retourne son fût et emploie pour resserrer toutes les douves qui tendent à s'écarter les unes des autres, à peu près comme les plumes d'un volant, l'ustensile nommé bâtissoir, que nous avons dessiné figure 107 et dont nous avons donné l'explication lors de la description de cette figure. Il passe la corde autour du tonneau, et par le moyen du petit levier ou garrot, il fait tourner l'arbre sur lequel la corde s'entortille : ce qui opère le rapprochement des douves. (V. figure 171).

L'ouvrier prend alors un cercle de jable, qu'il a préparé à l'avance et qu'il tient à proximité. Ce cercle est justement de la grandeur du premier cercle qu'il a placé à l'autre bout du poinçon, il pose ce cercle sur le bout du poinçon et le fait entrer en appuyant dessus, ce qui assujettit l'autre bout et rend inutile la pression de la corde et permet d'enlever le bâtissoir. Il remet encore de ce côté un second cercle de bouge plus grand que celui de jable et qui, comme nous l'avons expliqué, porte sur les douves plus près du bondon. Le fût ainsi retenu par quatre cercles, est en état d'être transporté. Il reste cependant encore quelques opérations à faire que nous décrirons plus bas.

Presque toujours pour faire revenir les douves plus facilement et pour empêcher le bois de se casser en lui faisant prendre la courbe que l'on veut donner au tonneau, on met un demi-tablier plein de copeaux par terre à l'intérieur du fût et on met le feu à ces copeaux, la chaleur attendrit le bois, il devient plus souple et obéit mieux au bâtissoir.

Cette opération se fait dans un endroit éloigné de celui où se fait le travail, afin d'éviter le danger des incendies.

On voit maintenant pourquoi les douves ont été diminuées sur l'épaisseur et sur la largeur; chaque douve prend extérieurement la courbe, et le tonneau a la forme circulaire qu'il doit avoir dans chacune de ses parties.

§ 3. *Rogner les douves et faire le jable.*

Après avoir monté le fût et l'avoir relié par deux cercles de chaque côté du bouge, il s'agit de réduire chaque douve à une même longueur : cette opération qui se nomme *rogner les douves*, demande beaucoup d'attention. Elle doit précéder celle où le tonnelier fera le jable, la perfection de cette seconde préparation dépendant en grande partie du soin qu'on a mis à exécuter la première.

Avant de décrire la manière de rogner et de faire le jable, nous devons dire un mot de deux opérations moins nécessaires que celles-ci et moins difficiles à exécuter, mais que l'on doit toujours pratiquer avant celles de rogner et de jabler, ce sont le *parage* et de former le *pas d'asse* ou le chanfrein.

Pour entendre ce que le tonnelier nomme faire le parage et le pas d'asse, il faut se représenter la figure intérieure que doit avoir le tonneau, nous avons dit qu'il formait un polygone à autant de côtés qu'il y a eu de douves employées à le construire, plutôt qu'une surface arrondie, parce que l'espace compris entre des planches droites ne pouvait pas donner une surface circulaire et cylindrique.

Il faut encore savoir que la petite portion de l'intérieur du tonneau qui doit rester apparente, est celle comprise depuis chaque extrémité du tonneau jusqu'à la rainure du jable. Le *parage* est l'opération au moyen de laquelle, dans la partie du tonneau qui doit rester visible, le tonnelier change la figure de polygone qu'il avait auparavant, et lui donne une forme circulaire. Avant de parer son jable, il prend son fût et le pose sur une surface unie pour examiner, en frappant sur toutes les douves et les faisant porter sur ce terrain égal, celles qui sont plus longues qu'il ne convient à la dimension du tonneau, il porte ensuite son fût dans la selle à rogner *fig.* 86, et le maintient de façon qu'il ne puisse lui faire changer de place dans cette sorte d'étau que lorsqu'il voudra quitter l'endroit achevé pour en travailler un autre.

Pour donner au jable une forme circulaire, on enlève dans l'intérieur du tonneau une partie de l'épaisseur de chaque douve, surtout vers le milieu de leur largeur, et cela seulement dans une hauteur de quatorze à seize centimètres, mais, à chaque bout, afin que la rainure du jable en soit plus régulière et que la mise en place du fond soit facilitée lors de son introduction dans le jable. Enfin, cette première opération achevée, il s'occupe à former intérieurement sur chaque extrémité des douves, aussi à chaque bout du tonneau, un biseau ou espèce de chanfrein que l'on peut voir sur un tonneau achevé.

Outre que ce biseau donne une certaine propreté au tonneau, il facilite encore son maniement et le rend plus aisé à soulever quand on veut le dresser sur l'un de ses fonds. Une principale raison qui engage à le former et qui rend ce biseau nécessaire, c'est que les extrémités des douves ayant moins d'épaisseur, il est plus facile d'achever de les rogner comme nous allons l'expliquer dans un moment ; on prétend aussi que les planches, ainsi terminées par un biseau, sont bien moins sujettes à *s'écaler*, c'est-à-dire à se lever par éclats.

Pour former cette espèce de biseau, la pièce restant

toujours assujettie dans la selle à rogner, on enlève une partie de l'épaisseur des douves sur leurs extrémités en amenant l'assette à soi, en se tenant en face de l'ouverture du tonneau, au lieu qu'en formant le parage dont nous avons parlé, l'ouvrier n'a devant lui que la partie de la circonférence du tonneau qu'il travaille. Il retranche et enlève donc le long des bords des douves intérieurement, la moitié de leur épaisseur, et forme le biseau qui fait partie du jable des tonneaux. On rectifie ce biseau en y passant le rabot rond courbé en nacelle. Venons maintenant aux moyens employés pour achever de rogner le tonneau.

Nous venons de dire qu'il assujettit son fût dans la selle à rogner, (nous verrons plus bas qu'il n'a point recours à cet instrument lorsqu'il s'agit seulement de rogner les quarts et autres petits vaisseaux; nous décrirons alors les moyens qu'il y substitue.) Après avoir coupé avec l'assette les douves qui debordent beaucoup les autres, il prend son rabot plat et le promène circulairement sur toute l'épaisseur des douves en coupant toutes celles qui seraient encore plus longues, jusqu'à ce que la circonférence du tonneau soit bien formée et régulière dans toutes ses parties; il ne faut point qu'il y ait de ressaut sur cette surface, parce que, comme nous allons le dire, elle doit régler la rainure dans laquelle doit entrer le fond, et les mêmes inégalités, s'il y en avait sur cette surface, se trouveraient répétées dans la rainure du jable.

Le rabot emporte aisément les parties inutiles et celles qui débordent la longueur que l'on veut laisser aux douves, parce que le biseau a réduit considérablemen leur épaisseur; d'une main l'ouvrier fait tourner son fût dans la selle à rogner, tandis que de l'autre qui tient le rabot, il travaille la partie de la circonférence qui se présente devant lui.

Le tonneau étant toujours placé dans la selle à rogner, il s'agit pour lors de pratiquer l'espèce de rainure dans laquelle doit entrer le fond et qui se nomme particulièrement le jable. On se sert pour cette opération du jabloir que nous avons décrit plus haut en passant en revue les outils du tonnelier, et que nous avons dessiné *fig.* 116 à 124, et destiné à former une rainure circulaire de cinq à sept millimètres de profondeur dans l'intérieur des douves, à cinq ou six centimètres des bouts pour les poinçons, et à trois centimètres environ pour les quarts.

Le tonneau étant bien assujetti, après avoir mis le fer du jabloir à distance convenable, on promène le jabloir tout autour du tonneau intérieurement en ne le faisant tourner dans la selle à rogner que lorsque la rainure est bien formée. L'ouvrier se tient de côté pour la pratiquer, et appuie sur l'outil en l'amenant à lui. La pièce de bois *a*, qui est le conducteur (v. *fig.* 116), porte sur le bout dressé des douves, et, par ce moyen, si elles ont été dressées exactement, on est sûre que le jable sera régulier.

Dans les grands ateliers où chacun a sa partie, c'est une malice du rogneur de donner à un apprenti un fût mal rogné, afin qu'il y pratique le jable qui jamais pour lors ne peut être parfait ; car, comme nous l'avons vu, le jabloir suivant le contour de la circonférence du tonneau, les mêmes irrégularités de cette partie se trouveront sur le contour de la circonférence du jable.

Cette opération ne demande pas de la part de l'ouvrier qui forme le jable une grande adresse, elle exige seulement de la force et une attention scrupuleuse, parce que le conducteur porte toujours contre le bord dressé des douves, et pour ne point donner à la rainure plus de profondeur dans un endroit que dans l'autre. La douve qui aurait été creusée davantage serait trop affaiblie dans cette partie, et elle casserait comme cela n'arrive que trop fréquemment.

L'ouvrier doit plutôt observer l'épaisseur de ses douves que le mouvement qu'il donne à son outil : en consultant l'explication des figures, on verra que la lame de fer du jabloir qui est taillée en dents de scie est renfermée dans une coulisse en fer formant palette, et que la scie ne doit déborder la palette que de la profondeur que l'on veut donner à la rainure. Ainsi, quand une fois les dents sont entrées de toute leur saillie, le bout de la palette porte sur la douve, et l'outil ne peut plus mordre. Mais quelquefois la douve rentre en-dedans et elle a moins d'épaisseur dans cette partie où l'on forme le jable, et c'est le cas où l'ouvrier ne doit ouvrir sa rainure que d'après l'observation qu'il a faite de la partie qu'il va travailler.

Quand, au lieu d'un poinçon, l'ouvrier forme le jable d'un quart ou d'un quartaut, il n'est point nécessaire de les porter dans la selle à rogner pour les rogner et les jabler, il se sert d'un autre moyen plus expéditif, il met son quart en long sur une pièce ou un poinçon qui porte sur un de ses fonds, c'est un vieux poinçon défoncé, le premier qui se rencontre qui sert ordinairement à cet usage; l'ouvrier passe une corde par le bondon de cette vieille futaille et attache une de ses extrémités au moyen d'un bâtonnet qui se place en travers de la bonde, il ceint avec cette corde, le quart qu'il veut rogner;

et il attache au bout de la corde qui retombe, un poids quelconque qui l'assujettit assez solidement pour qu'il puisse être travaillé, d'autres fois, au lieu de mettre un poids, il fait une boucle dans laquelle il passe le pied, ou bien encore, il presse avec le pied sur le poids qu'il a mis lorsque ce poids ne suffit pas. Tout cela est à peu près indifférent, d'autant plus qu'assez souvent il passe le bras gauche par-dessus le quart, tandis que de la main droite il le rogne et forme ensuite le jable comme il a été dit pour les poinçons.

Le jable fait, le tonnelier peut arranger les fonds qui doivent fermer les deux bouts du fût.

§. 4. *Construction des fonds, leur mise en place.*

Quand le tonneau est monté, rogné et jablé, il faut songer à le *foncer*. Le fond est composé de plusieurs pièces, assez souvent de cinq (v. *fig.* 172), d'une *a* plus large que les autres et que l'on nomme *maîtresse pièce ;* de deux autres *b b* qui sont à chacun des côtés de celle-ci qu'on nomme *aisselières* et de deux dernières *c c* qui terminent le fond et qu'on nomme *chanteaux*. Pour ménager le bois, on choisit deux petites planches pour former ces dernières pièces. On en retrouve souvent qui avaient été rebutées, parce qu'après en avoir ôté les parties défectueuses elles s'étaient trouvées trop courtes et qui se trouvent maintenant avoir la longueur requise et se trouvent encore très-bonnes pour faire les chanteaux. Quelquefois, quand le traversin porte de larges dimensions, on n'emploie que quatre planches au lieu de cinq (v. *fig.* 173), deux *a a* dont la réunion est au milieu du fond et les deux chanteaux *b b*. Si au contraire, le traversin porte peu de largeur, on compose son fond de six pièces, *fig.* 174 : on met deux maîtresses pièces *a a*, deux aisselières *b b* et deux chanteaux *c c*. Ces cinq, quatre ou six planches étant arrangées, on ouvre le compas de la sixième partie de la circonférence prise dans le jable. On place une des branches de son compas dans le centre de ces planches vers le milieu de la maîtresse pièce, et avec l'autre pointe on trace un cercle qui sera la mesure du fond. Pour que ces planches se tiennent bien justes les unes auprès des autres pendant cette opération, on les maintient avec le sergent, on scie ensuite les planches suivant le trait marqué, à l'aide du feuillet en laissant ce trait franc, c'est-à-dire apparent en-dedans. Après cette opération, on forme un biseau sur l'endroit coupé par la scie sur tout le contour du fond, pour que ces planches qui doivent servir à la construction puissent entrer dans le jable.

Pour faire ce biseau l'ouvrier met chacune des planches du fond sous la serre de la selle à tailler, il la retient en appuyant ses pieds sur le palonnier en dessous du banc, et avec la plane il commence par bien arrondir son fond en suivant le trait, il finit par ôter en biseau l'épaisseur des planches à la distance de douze à quatorze millimètres sur toute la circonférence du fond. Ce biseau doit avoir à peu près la même hauteur donnée au chanfrein ou pas d'asse qui contourne la circonférence des extrémités du tonneau construit; c'est une règle entre les tonneliers dont ils ne peuvent trop rendre raison; il renverse ensuite chaque planche et pratique un biseau pareil sur l'autre face : il ne reste plus qu'à mettre en place les fonds ainsi travaillés.

Lorsqu'il s'agit des fonds de fortes pièces on les goujonne en bois; les fonds des sceaux, brocs et autres pièces qui fatiguent sont aussi goujonnées, mais en fer. Voyons d'abord comment l'opération se fait lorsque le goujon est en bois. Nous en avons déjà dit deux mots lors de la description de l'outil nommé goujonnoir, représenté *fig.* 150 et 151. Après avoir fait ses goujons, l'ouvrier prend une mèche *ad hoc*, qui a été appareillée de manière à ce que le goujon remplisse exactement, mais sans trop de force, le trou qu'elle produit. Il perce sur le champ de la planche, et à un décimètre et demi ou deux décimètres de l'extrémité, un trou le plus droit possible; il perce un trou semblable à la même distance de l'autre extrémité, puis il engage deux goujons dans ces deux trous; il les fait entrer et les consolide en frappant la planche tenue de champ sur l'établi. Quand ces deux goujons sont placés, il approche la planche qui doit être jointe à la première, et, au moyen d'un coup sec, il fait en sorte que les goujons qui sont en bois de bout, fassent une empreinte visible sur le fil du champ de l'autre planche, c'est sur ces empreintes qu'il fait deux trous à cette planche. Cette opération de la prise d'empreinte des goujons doit être faite sur une table ou tout autre endroit, bien plan, et en perçant les trous il faut veiller à ce qu'ils soient bien droits. Il y a aussi une observation à faire : comme ce placement des goujons se fait avant le tracé du rond, il faut, en plaçant les goujons, les mettre de manière à ce qu'ils soient évidemment en dedans de ce cercle d'un bon décimètre au moins; car si les goujons se trouvaient très-près de la circonférence ils pourraient faire éclater les planches lorsqu'ils seront abreuvés par le liquide qui les fait toujours gonfler. Quand les trous sont percés à l'autre planche on engage le bout des goujons dans les trous et on fait joindre les planches en les frappant sur leur champ. Lorsque ces deux planches sont bien jointes, et si bien jointes que présentées au jour elles ne laissent point passer la lumière, on répète l'opération pour les autres planches en ayant soin de faire toujours porter sur la surface dressée servant d'appui le même côté qui y a déjà porté; on assemble ainsi les cinq planches ensemble, en ayant soin de réserver les plus courtes pour les chanteaux. Quand le fond est assemblé on le porte sur un tonneau et on trace le cercle comme nous l'avons dit plus haut. On le scie avec le feuillet, puis on replanit au rabot la face qui portait sur l'établi lors de l'assemblage, parce qu'ordinairement c'est cette face qui est la mieux dressée, et que c'est de ce côté qu'on avait tourné la surface du traversin qui avait déjà reçu une préparation lors du dégrossissage. On fait ensuite les biseaux avec la plane, en assujettissant le fond sur l'établi à l'aide d'un valet.

L'assemblage au moyen des goujons en fer est plus facile, ces goujons sont de petites clavettes en fer plat, longues de deux ou trois centimètres, rendues coupantes par les deux extrémités. On fiche deux de ces clavettes dans la maîtresse planche sur un de ses champs; on la pose à plat du côté dressé sur une surface dressée, on approche l'aisselière, on fait prendre les clavettes, puis en les frappant sur champ on les fait joindre. Quand toutes les planches sont assemblées on replanit les deux côtés avec le rabot, puis on trace le cercle au compas, comme il a été dit plus haut Lorsqu'il s'agit de scier, le tonnelier pose ce fond sur un vieux sceau renversé, sur les bords duquel il a planté un rang de clous dont il a laissé saillir la tête, laquelle tête il a ensuite limée en pointe. Ces pointes retiennent le fond en dessous, tandis qu'un des pieds de l'ouvrier, posé en dessus, opère une pression suffisante. Le fond ainsi maintenu est chantourné avec une étonnante promptitude. Le biseau est fait ensuite à l'aide de la plane, sur la selle à tailler. Il est régularisé avec un coup de râpe.

Pour mettre ses fonds en place, nous parlons de ceux qui ne sont pas assemblés, mais qui sont préparés et dont les pièces mobiles ont été repèrées, il commence par lâcher les cercles qui avoisinent le jable, en les faisant remonter, il met dans le jable un des chanteaux, il place ensuite une des aisselières; puis, de l'autre partie de la circonférence du tonneau, il pose l'autre chanteau et l'autre aisselière. Il frappe en dedans sur le champ des deux aisselières pour les faire entrer dans le jable, en retenant les douves avec le tiretoir (fig. 126) pour faciliter l'entrée de ces pièces dans le jable; mais, pour mettre en place la dernière planche, la maîtresse pièce, comme il n'a plus la liberté de passer la main pour soutenir les planches en dessous, il se sert du *tire-fond*; il fait mordre un peu ce tire-fond dans la planche, et par ce moyen il est à même de la soutenir et d'empêcher qu'elle ne tombe dans l'intérieur du tonneau, il appuie lorsqu'il le faut, pour la faire entrer dans le jable.

Quand il lui arrive que la planche est trop entrée et qu'elle a passé le jable, le tonnelier, pour la faire revenir, emploie le manche du tiretoir qu'il passe dans l'anneau du tire-fond, et tandis qu'il se sert de la tire comme d'un levier pour retenir la pièce trop enfoncée, il frappe sur les planches voisines à petits coups secs et redoublés avec l'utinet (fig. 129), il fait ainsi rentrer cette pièce du fond dans le jable et relever sa voisine si elle en était sortie et si elle se trouvait placée trop bas.

Il remet ensuite les cercles qu'il avait enlevés et les frappe pour leur faire occuper la place qu'ils occupaient avant. Il répète la même opération de l'autre bout du fût, et la pièce est foncée.

Souvent il s'aperçoit en remettant les cercles que son tonneau a *trop de fond* ou qu'il n'en a pas assez. Quand il a trop de fond les douves ne serrent pas les unes contre les autres, et le vin s'échapperait. Quand son fond n'a pas assez de surface, qu'il est trop petit, les douves ne serrent point assez les pièces du fond, et ce dernier ne tient pas dans son jable.

Pour remédier au premier défaut, le trop de fond, le tonnelier relève le cercle de la première bande, il soulève avec le tire-fond la maîtresse pièce et il la diminue sur les deux côtés qui forment une ligne droite, et un peu sur les bouts, il remet ensuite cette partie du fond en place, comme nous l'avons dit plus haut, et les cercles étant de nouveau chassés à leur place, le tonneau devient hermétique.

Quand le fond n'est pas assez grand il se contente souvent de changer la maîtresse pièce et d'en mettre une plus large à la place; mais il vaudrait beaucoup mieux faire un nouveau fond; il remet en place le cercle de la première bande qu'il lui a fallu ôter, il donne de la *serre* en frappant les cercles, et ses fonds, pour lors, sont bien soutenus.

Les Provençaux, pour former les fonds des barils destinés à contenir de l'huile, et de peur qu'elle ne s'échappe entre les planches qui forment le fond, les joignent encore avec plus de précaution. Ils étendent sur le champ du traversin une feuille de roseau qui garnit les intervalles qui pourraient être restés entre l'une et l'autre planche, et de plus ils goujonnent leurs fonds : cette opération les empêche de se déjeter par la chaleur, et rend le fond bien plus solide. On garnit souvent les fonds de ces pièces d'une couche extérieure de plâtre pour empêcher l'huile de transsuder et de se perdre, et aussi pour que les bois des fonds ne se trouvent pas exposés aux alternatives de l'air sec et chaud et de la pluie, ou du moins de l'humidité.

Le tonneau garni de ses fonds et soutenu par des cercles est en état d'être vendu et livré. Le tonnelier, si l'acquéreur le désire en lui livrant le tonneau, y pratique une ouverture au milieu d'une douve et à égale distance de ses deux extrémités, on la nomme *l'ouverture du bondon;* elle est destinée à entonner la liqueur que le tonneau doit contenir. C'est avec l'une des bondonnières que nous avons décrites *fig.* 133-139. On choisit la douve la plus large et la plus mauvaise; les deux douves qui accompagnent celle-ci peuvent même être défectueuses. Pourvu qu'il ne s'y rencontre pas de trous ni de fentes qui puissent permettre au vin de se perdre en roulant le tonneau, on ne peut faire aucun reproche au tonnelier.

L'usage a permis au tonnelier d'employer ces trois douves défectueuses parce qu'elles sont toujours destinées à former la partie supérieure du tonneau lorsqu'il est en place dans une cave. Ainsi, ces trois douves, ou ne porteront pas contre le vin, ou, quand elles y porteraient, le vin n'agissant pas sur elles par son poids, comme sur les autres, le bois quoique moins parfait ne laissera point perdre la liqueur; même celui que l'on nomme *bois rouge* ou *vergeté*. Tout bois de chêne, pourvu qu'il ne puisse pas communiquer de mauvais goût au vin, peut être employé pour en former ces trois douves, et le tonnelier peut livrer ainsi son tonneau.

Souvent ce n'est pas le tonnelier qui forme le trou du bondon. Quand les tonneaux sont destinés à être vendus à des vignerons ils se chargent de faire eux-mêmes cette dernière opération, pour laquelle il est nécessaire seulement d'avoir une bondonnière ; il n'est pas difficile ensuite d'en faire l'usage qui convient. Quelquefois, dans un village, il n'existe qu'une bondonnière que l'on se prête mutuellement.

Le tonnelier prétexte, pour ne point former l'ouverture du bondon, qu'elle donnerait une entrée aux ordures qui pourraient communiquer un goût de fût, que les rats et les souris pourraient s'y établir ; mais la principale raison qui l'engage à ne la pas pratiquer, c'est qu'elle faciliterait à l'acheteur le moyen d'examiner l'intérieur de la futaille. Le marchand donne encore d'autres raisons, mais c'est presque toujours celle que nous venons d'indiquer qui le détermine.

En plaçant son fond, le tonnelier a eu l'attention d'examiner les douves défectueuses, celles qui sont les moins bonnes du tonneau, et il place son fond perpendiculairement à ses douves ; c'est à celui qui fait le trou du bondon à reconnaître les douves défectueuses qui sont destinées à faire les parties supérieures du tonneau pour y percer la bonde. Cette opération est trop aisée à faire pour exiger aucuns détails : il faut seulement opérer doucement afin de ne point fendre la planche que l'on veut percer. Le vin entonné, on ferme cette ouverture avec un bouchon de bois de même diamètre, nommé *Bondon*.

Celui qui achète des tonneaux, met dans sa convention que quelques mois après les avoir emplis, et lors qu'il l'exigera, le tonnelier viendra les *barrer* et les *sommager*.

En expliquant quelques termes propres à l'art du tonnelier nous avons dit que barrer s'entendait d'une barre ou planche que l'on plaçait dans un sens opposé à celui des planches qui formaient le fond, et que l'on soutenait cette barre par plusieurs chevilles. Ainsi on appelle *barrer une pièce* y mettre les barres qui doivent soutenir les fonds. On le dit aussi des ouvertures qu'on fait pour poser les chevilles qui doivent retenir les barres. Sommager, c'est placer des doubles cercles qu'on nomme *sommiers*. Nous parlerons de cette seconde opération en traitant de la façon de relier les tonneaux.

Quand le tonneau est plein de liqueur, que le vin a travaillé, qu'il a eu le tems d'imbiber les fonds, chaque pièce du fond se renfle et s'alonge au point de jeter les douves en arrière et de casser les cercles. Pour prévenir ces accidens on a deux moyens qu'on met en usage, le premier consiste à retoucher les fonds, le second à les barrer.

Pour remédier à l'inconvénient d'un fond qui s'est gonflé ou qui a du *trop fond*, en termes d'ouvrier, le tonnelier ôte un cercle ou deux de son tonneau, vers les extrémités, et, comme nous l'avons dit plus haut, il enlève la maîtresse planche avec son tire-fond, il la diminue de largeur sur la colombe, sur les deux côtés qui avoisinent les deux aisselières, et il la remet en place. Quand il veut épargner le tems, il soulève un des chanteaux qu'il diminue sur le côté qui touche l'aisselière; les ouvriers suivent de préférence cette méthode, lorsqu'il s'agit de substituer une pièce à un fond qui n'a pas assez de diamètre; en la suivant, ils épargnent quelque chose sur le bois qu'ils emploient; mais ils font un mauvais ouvrage et qui n'est pas régulier. On ne peut retoucher ou changer que la maîtresse pièce, quand on veut que la maladresse ou la mauvaise foi de l'ouvrier ne soient point reconnues.

Pour soutenir les planches du fond et les empêcher de se *coffiner*, c'est-à-dire de bomber, on doit barrer les fonds.

La barre, *fig.* 175, dont on se sert ordinairement pour soutenir les fonds, est composée d'une pièce de bois *a* de la longueur du diamètre du fond, ainsi la longueur doit varier suivant les dimensions de la pièce dont elle doit soutenir les fonds; elle a environ un décimètre ou onze centimètres de largeur sur vingt-cinq à trente millimètres d'épaisseur; cette barre est assez souvent faite en bois de chêne avec ou sans aubier, on s'inquiète peu de la qualité. Cette barre est seulement dressée à la doloire et adoucie à la plane, on pratique à chacun de ses bouts un biseau *b* de quatorze à seize centimètres, qui se termine à l'endroit où les chevilles cessent de porter; ce sont ces chevilles qui sont destinées à retenir la barre. Ces barres ainsi que les chevilles s'achètent toutes faites.

Avant de poser la barre on commence par faire dans les douves les trous où doivent se poser les chevilles. On se sert pour cela du *barroir* ou vrille à barrer, *fig.* 132; c'est une tarrière dont le fer est très-long et la mèche très-étroite; nous allons en dire la raison. Le tonnelier fait avec cette tarrière les trous qui doivent porter les chevilles du côté de la circonférence du jable qui est la plus éloignée de lui. La tige de la vrille est assez longue pour qu'elle puisse traverser la futaille dans tout son diamètre, et qu'il reste encore de la longueur en plus pour avoir la facilité de tourner le manche; il a l'attention de former ces ouvertures à cinq centimètres au-dessus des fonds pour laisser l'épaisseur de la barre, et place une extrémité de la barre sous les chevilles qu'il a enfoncées dans les trous faits au jable; mais pour baisser la barre et assujettir l'autre côté par les chevilles, surtout lorsque les planches du fond sont bouges, et faire porter la seconde partie de la barre sur le fond, il a recours à la tire à barrer. Il saisit avec le crochet de fer de cet outil, un cercle qui lui sert de point d'appui, et plaçant l'extrémité de la tire sur la barre il lève le manche et s'en sert comme d'un levier pour faire baisser la barre jusqu'à ce qu'elle porte sur le fond; il la retient dans cette position à l'aide de chevilles semblables aux premières.

Les chevilles avec lesquelles les barres sont retenues et qui assujettissent les fonds d'un fût sont ordinairement de chêne. Dans quelques endroits, cependant, on les forme de peuplier, de saule ou de bouleau; elles sont équarries et portent de onze à quatorze centimètres de longueur, on les pose en les chassant avec force dans les trous faits aux douves au-dessus de la barre.

L'usage de quelques provinces est de garnir la barre de quatre à cinq chevilles sur chacune de ses extrémités; dans d'autres on n'en met que deux fort petites; en Bourgogne on en met beaucoup plus, on en garnit presque toute la circonférence des fonds; il faut pour lors leur donner beaucoup plus de largeur et elles ont deux décimètres plus ou moins de longueur. Nous ferons remarquer dans un moment que les chevilles ont d'autant plus de force qu'elles portent sur les cercles doubles appelés sommiers.

Il arrive quelquefois que la barre est encore plus simple. D'un côté elle est taillée en pointe et s'engage dans un trou unique percé d'un côté au niveau du fond, elle est retenue à son autre extrémité par deux chevilles posées comme à l'ordinaire.

Il paraîtrait qu'on pourrait prévenir un des inconvéniens que nous venons de signaler du trop-fond et des bois qui renflent quelque tems après que l'on a rempli le tonneau de liqueur, si on commençait par placer la barre avant d'y mettre le vin, cette barre retendrait le bois qui, en renflant, demande à s'écarter; mais le tonnelier a de bonnes raisons pour ne la placer que quand les bois imbibés ont produit leur effet.

1° Il est plus avantageux que le bois soit humide et gonflé pour former sur l'extrémité des douves les trous par lesquels doivent passer les chevilles. Si le bois était sec il fendrait et la douve deviendrait défectueuse.

2° Le tonnelier percerait ses trous trop bas et le bois venant à se gonfler et à s'allonger on ne pourrait plus retoucher le fond; les trous des chevilles se trouvant pour lors mal placés nuiraient au changement qu'on aurait été maître de faire au fond de la pièce dont toutes les parties auraient augmenté de volume.

Enfin c'est un ouvrage que le tonnelier remet à l'hiver, et c'est un tems où il est plus tranquille et moins surchargé d'autres travaux qui se trouvent réunis dans celui où on tire les vins.

§ 5. *Reliage des tonneaux. Moyens employés pour placer les cercles à une futaille neuve, ou en remettre de neufs à une vieille dont quelques cercles viendraient à manquer.*

Comme les tonneliers construisent des pièces, fûts ou futailles, cuves, poinçons, etc., de différentes grandeurs, et que les cercles sont les liens des douves dont ils sont composés, ils doivent faire provision de cercles ou cerceaux de différentes dimensions, force, longueur et largeur. Il ne serait plus tems d'en faire l'acquisition quand on viendrait chercher le tonnelier pour relier une pièce dont plusieurs cercles auraient manqué.

On est convenu d'appeler *cercles* plus communément ceux des grands vaisseaux, comme cuves, cuviers, baignoires, etc., et *cerceaux*, ceux d'un diamètre plus petit qui servent pour barils, feuillettes, poinçons, etc. Il est bon d'avoir un assortiment des différens cercles.

Différens bois servent à la confection des cercles, les meilleurs sont ceux de chêne, de châtaignier, de noyer, d'orme, de merisier, de laurier cerise, d'épine, etc. On en fait encore avec du coudrier, avec de jeunes branches de mûrier ; ce bois est très-tendre et pliant, ce qui engage à l'employer particulièrement pour les cerceaux des petits barils : le frêne fournit aussi de bons cercles, ainsi que l'érable. On en fait aussi, mais de qualité inférieure, avec le bouleau, l'aune, le saule, le peuplier et autres bois blancs ; ces derniers se fendent aisément, mais pourrissent très-promptement.

Nous n'entrerons dans aucuns détails sur la fabrication des cercles ; puisque le tonnelier les achète tout faits, nous dirons seulement qu'on emploie de jeunes taillis dont les pousses sont coupées tous les dix à douze ans; qu'on les fend et qu'on les façonne en cercles.

On achète le cercle en rouelle, meule ou botte, composées de plus ou moins de cercles et cerceaux, suivant l'usage du pays d'où on les tire et la grosseur du cercle. Les plus grands cercles que l'on prépare dans la forêt d'Orléans ont environ 14 mètres de longueur : les plus petits cercles de cuve ont 6 mètres de longueur.

Les cercles de cuve s'arrangent par paquets de six qu'on nomme sixain.

Les cerceaux de tonneau ou feuillette sont liés quatre par quatre l'un dans l'autre, et forment une *rangée*.

Six rangées composent ce qu'on appelle une *rouelle*, ainsi la rouelle contient vingt-quatre cercles liés ensemble.

Six rouelles font une *pile*, et sept piles passent pour un *millier* quoiqu'il contienne mille huit cercles, les quarante-deux rouelles forment ce que le tonnelier achète pour un millier.

D'autres cercles pour les pièces dites de *quatre* sont nommés *cercles de plein-pied*. La rouelle de ces cercles n'est composée que de douze cercles, six rouelles à la pile, et sept piles au millier. Ils se livrent au même prix que les premiers; mais, comme ils sont de plus grandes dimensions, on les vend moitié moins en nombre.

Le cerceau doit être garni de son écorce, point vermoulu, ni trop cassant. On est obligé, dans la forêt, pour le conserver souple et de peur qu'il ne sèche trop étant mis en meule, de le couvrir de broussailles ou de copeaux. Quand une fois il est vendu au tonnelier c'est à lui à le tenir dans un lieu frais pour le conserver souple.

Nous avons laissé le tonneau garni seulement de quatre cercles pour retenir les douves et les deux fonds. Les tonneliers qui vendent les tonneaux neufs et qui en font le trafic en gros ou qui les envoient au loin, les démontent souvent, en numérotant les pièces et les envoyant ainsi en planches; ce qu'ils appellent en *bottes*. Une seule pièce en renferme plusieurs démontées. Les pièces ainsi expédiées tiennent moins de place; le transport en devient plus aisé et moins couteux, ils envoient les fonds à part et les cerceaux en *mottes* ou *bottes*. C'est l'ouvrage du tonnelier auquel ils sont adressés de retrouver les planches appartenant à chaque pièce, ce à quoi il parvient au moyen du numérotage, et de les relier lorsqu'elles sont arrivées à leur destination.

A Orléans, le tonneau ou le poinçon neuf n'a que dix cercles quand le tonnelier le livre; quelques mois après il vient le garnir de huit autres cercles, quatre de chaque côté du bondon sur le bouge : il ôte aussi les deux derniers cercles les plus près des extrémités du tonneau, et en remet deux doubles qu'on appelle *sommiers*. On donne le nom de sommiers à deux cercles posés l'un dans l'autre, liés chacun comme tous les cercles avec de l'osier, et qui, après avoir été doublés sont encore liés ensemble. Les sommiers ont plus de force et étant plus épais, ils portent à terre quand on roule la futaille et épargnent aux jables et aux autres cercles les chocs et les frottemens qui pourraient les endommager. Les sommiers sont encore destinés à servir de point d'appui aux chevilles de la barre. *Sommager*, c'est donc placer les sommiers.

Chaque pays a sa façon de placer les cercles. Nous

avons dit qu'à Orléans on en met dix-huit, cinq contre le jable et quatre du côté du bouge. Quelquefois au lieu de séparer les cercles, les tonneliers les serrent l'un contre l'autre et ne laissent point d'espace entre eux : c'est ce qu'on nomme *relier en plein*.

A Paris, assez souvent, les tonneliers ne garnissent les tonneaux ou poinçons que de quatorze cercles, quatre sur le jable qu'ils nomment le *talus*, le *sommier*, le *colet* et le sous-colet, ou le *premier et le deuxième colet*, et trois autres dont le dernier, le plus près du bondon, est le seul qui porte un nom, ils le nomment le *premier en bouge* ou *sur le bouge*. Cette quantité de cercles varie encore suivant qu'ils sont plus ou moins larges et forts. Il y a des tonneaux reliés de vingt-quatre cercles.

Un tonneau, dans ce dernier état, lorsqu'il a tous ses cerceaux, ses fonds et ses barres garnis de chevilles, se nomme *futaille montée*.

Nous allons expliquer la façon de placer un des cercles; ce qui suffira, puisque c'est la même manœuvre qui se répète pour tous les autres!

Le tonnelier, pour relier un tonneau, prend un cercle et le présente sur le tonneau à l'endroit où il veut le placer. Voici comment il donne au cercle la longueur qu'il doit avoir pour serrer la partie où il sera mis. Il tient d'une main une extrémité de son cercle et de l'autre main l'autre extrémité du cercle; mais environ aux trois-quarts de sa longueur. La première main appuie l'extrémité du cercle contre une douve, à un endroit qu'il remarque. Pendant ce tems-là la partie majeure du cercle est élevée en l'air. Il fait, avec son autre main, porter successivement chaque partie du cercle contre le tonneau, sans que sa première main quitte sa place : seulement quand la majeure partie du cercle porte contre le tonneau, cette main élève la première portion du cercle et la porte un peu en haut, et il promène ainsi chaque partie du cercle sur chaque partie du tonneau à l'endroit où il doit être mis. Il remarque l'endroit du cercle qui répond à la première partie où a été placée l'extrémité de son cercle, et il fait rejoindre avec ses deux mains cette extrémité à l'endroit marqué. Il laisse une portion du cercle pour déborder cette première, et il retranche le reste du cercle qui deviendrait inutile. Il est sûr, avec ces précautions, de donner au cercle le diamètre de la partie du tonneau sur laquelle il a dessein de le poser. Pour lui donner ce qu'on appelle de la *serre*, il fait rentrer un peu l'extrémité du cercle en dedans, et retient d'une main les deux parties qui se recouvrent l'une sur l'autre et qui tendraient par leur ressort à reprendre la ligne droite, il fait sur le tranchant du cercle deux entailles avec la cochoire, à une certaine distance des extrémités du cercle : il enlève le bois qui se trouve entre chaque entaille et forme ce qu'il nomme une coche : il retient toujours son cercle dans cette position et l'y fixe avec de l'osier.

L'osier, comme on le sait, est une espèce de saule dont les repousses effilées en longues baguettes servent à beaucoup d'usages. Chaque province donne souvent un nom différent aux espèces de saule qu'on y cultive et dont les vanniers emploient les branches entières et dépouillées de leur écorce, ou que l'on vend aux tonneliers pour lier les cerceaux, quand on a fendu chaque branche avec son écorce.

Voici les espèces qu'on cultive le plus communément pour les employer à cet usage.

L'osier rouge, des vignes, c'est celui qui convient aux tonneliers.

L'osier jaune, l'osier blanc, l'osier moulard.

L'osier rouge est coupé tous les ans, la branche doit être fendue, c'est-à-dire que chaque brin doit être pris dans une branche séparée, et à Orléans, quand on les destine à lier les cercles on partage les brins en trois ou quatre suivant la direction des fils du bois. Le tonnelier, à Paris, l'achète tout fendu en *botte*, *motte* ou *torche*, composée de cent-cinquante brins d'un mètre à un mètre et un tiers de longueur. Dans les départemens il achète souvent l'osier des vignerons en brins et le fend lui-même. Il conserve dans la cave l'osier fendu, et avant de s'en servir, il a la précaution de le mettre tremper pendant quelques heures dans l'eau pour qu'il devienne plus souple.

Après avoir réuni les deux extrémités du cercle, ainsi que nous l'avons dit, et avoir placé l'une sur l'autre les deux entailles pour que l'ouverture du cercle ait la dimension du tonneau à l'endroit où il désire le placer, l'ouvrier approche l'une sur l'autre les deux entailles et, retenant le cercle d'une main, il prend de l'autre deux brins d'osier : il en casse le bois vers une de leurs extrémités et ne laisse que l'écorce pour diminuer l'épaisseur seulement dans cette partie de l'osier; il passe ces extrémités moins épaisses entre les parties du cercle qui se recouvrent et fait plusieurs tours sur le cercle pour bien les assujettir : il continue ainsi d'entourer d'osier et de lier ensemble les deux extrémités du cercle; il garnit d'osier les entailles et finit par passer les bouts de l'osier sous le dernier tour qu'il vient de faire, il serre les brins et, par cette espèce de nœud, arrête son osier : il coupe ce qui déborde en le faisant porter sur le jable de son tonneau et frappant dessus avec la cochoire, ou bien il le coupe avec une serpette. Il arrive souvent qu'un des brins de son osier est plus court que l'autre ; pour lors il supplée à celui qui manque de longueur par un nouveau brin qu'il maintient par un nœud semblable à celui que nous venons de décrire.

Indépendamment de ce lien, il arrive souvent que le tonnelier lie encore son cercle à deux autres endroits différens : l'un très-près des extrémités du cercle et l'autre entre ce dernier lien et le premier, sous lequel se trouvent les coches dont nous venons de parler. Il ne s'agit plus que de mettre en place le cercle lié en trois endroits, ainsi que nous venons de le dire.

Il faut avoir l'attention de poser le cercle de façon que les encoches soient en-dessus et la ligature principale du côté où doit être le bondon, il se sert pour mettre ces cercles en place de la *tire-à-cercles* ou tiretoir (fig. 126).

Après avoir placé la moitié de la circonférence du cercle sur les douves, il saisit avec le crochet de fer que porte le tiretoir, l'autre partie du cercle opposée à cette première, et appuyant sur le dehors de la pièce le bout aplati du tiretoir, en pesant sur le levier qui sert de manche à l'outil, il amène à lui le cerceau et fait prêter le cercle au contour du tonneau. Il appuie en même tems le genou sur son cercle pour l'empêcher de *revenir*, il force les douves à donner de l'entrée au cercle au moyen de quelques coups de maillet qu'il leur donne à différens endroits. Enfin il enfonce le cercle en le chassant avec le maillet.

Pour faire entrer les cercles plus aisément et pouvoir les frapper sans risquer de les endommager, il se sert du chassoir qui est un coin de bois dont les deux extrémités sont coupées; il le tient de la main gauche, le pose sur le cercle qu'il veut faire entrer, et frappe à coups redoublés sur le chassoir qu'il promène sur tout le pourtour du cercle qui est de la sorte contraint à descendre jusqu'à l'endroit du tonneau où il doit être posé. On a encore l'attention pour rendre le bois moins coulant, ou plutôt pour absorber l'humidité et pour que le cercle une fois enfoncé d'un côté ne revienne pas lorsqu'on le frappe sur le côté opposé au point où l'on a d'abord frappé, de le frotter intérieurement avec de la craie, ainsi que l'endroit du tonneau où il doit être placé.

On retient les petits cerceaux que l'on destine aux petits barils sans se servir d'osier. Cette manœuvre plus courte consiste à pratiquer sur la largeur de ces cercles deux petites entailles (v. fig. 176) à chacune de leurs extrémités : la première sur une épaisseur du cercle, la seconde sur l'autre. En faisant entrer ces deux entailles l'une dans l'autre, et plaçant les deux bouts du cerceau en dedans, on forme une espèce de nœud qui acquiert d'autant plus de solidité que l'on a eu plus de peine à faire entrer le cerceau sur les douves qui forment le baril.

Quelquefois quand il s'agit de retenir des douves pour former un vaisseau auquel on ne veut pas prêter grande attention et mettre beaucoup de propreté, on se contente de passer les deux bouts du cercle l'un sur l'autre sans pratiquer d'entaille : la pression empêche les deux bouts de se séparer quand on vient à les mettre en place.

Les cercles pourrissent plus promptement dans les caves et les celliers où l'on dépose les tonneaux que les douves, aussi est-on obligé de veiller à l'entretien des cercles pour ne point perdre le vin que renferment les tonneaux, et on les fait relier souvent. Les pièces, dans quelques caves humides et qui ont peu d'air, pourrissent et se perdent plus promptement que dans d'autres; celles-là exigent plus d'attention. C'est le cas où le tonnelier est appelé à garnir le tonneau de nouveaux cercles, c'est ce qu'on nomme *relier*.

Si l'on craint encore qu'en remuant une pièce qui renferme du vin ou en tirant le vin qu'elle contient, les derniers cercles de la pièce ne viennent à manquer, ce qui entraînerait la perte de la liqueur contenue dans le tonneau, on en prévient le tonnelier qui répond de la perte s'il en survient une fois qu'il a visité le tonneau. Il prend alors plusieurs cercles de fer (v. fig. 155, 156, 157, 158, 159, 177, 178). Ces cercles sont formés de plusieurs bandes de fer aplaties et circulaires, figures 157 et 158, qui se joignent les unes avec les autres au moyen d'un crochet que porte une de ces bandes, figures 178 et 179, qui entre dans l'une et l'autre des ouvertures que l'on a faites sur la seconde barre de fer, ce qui laisse ainsi la liberté de serrer plus ou moins le cercle et de le rendre ou plus grand ou plus petit, suivant la grosseur de la pièce à laquelle on veut l'adapter. On resserre ce cercle de fer sur la pièce à l'aide d'un écrou que l'on tourne avec la clé, fig. 180. Le tonnelier garnit la pièce de deux de ces cercles, et il la met ainsi en état d'être remuée ou d'en tirer le vin. Le propriétaire devient ensuite le maître, si les douves sont encore bonnes, de faire relier la pièce et d'y mettre de nouveau vin; ou le même, si son dessein n'est pas de le mettre en bouteilles.

Dans les départemens où souvent les tonneliers n'ont point de cercles en fer, ils se servent d'une corde dont ils entourent le poinçon et ils la serrent avec un garrot. Quelquefois on s'aperçoit qu'une des douves d'une futaille laisse échapper le vin, pour lors on se sert du même moyen : on transvide le vin dans une autre pièce, et le tonnelier substitue une nouvelle douve à celle qui est défectueuse.

Quelques tonneliers se sont proposé, comme chose remarquable, de changer une douve d'une pièce pleine de vin, sans qu'il s'en perdît. Le mérite de ce problême réside dans la difficulté de l'exécution; mais cette opération n'a pas toute l'importance qu'elle aurait, s'il n'était pas toujours possible, dans le cas prévu, de soutirer le vin dans une autre pièce, ce qui donne la facilité de raccommoder aisément la partie défectueuse de celle qu'on a vidée.

Dans l'exécution de ce chef-d'œuvre ou de cette preuve d'adresse, il se perd toujours un peu de liqueur quand la pièce est bien pleine; mais le peu de tems que l'on emploie à mettre en place la douve que l'on a apprêtée, le coup-d'œil précis de celui qui l'ajuste, contribue à remplir plus ou moins bien les conditions et les difficultés du problême. Nous ne parlons pas ici de certaines adresses que les tonneliers emploient pour cacher leurs fraudes, comme de mettre à une douve une pièce assez adroitement pour que l'œil ne puisse la distinguer; celle de boucher les fentes, ou d'empêcher qu'on aperçoive les défauts d'une douve avec le mastic, etc.; de boucher des trous de vers avec des épines. Si ces trous se trouvent avoir été cachés sous des cercles et que le vin se perde par cette ouverture, l'acheteur peut intenter procès au tonnelier qui est condamné à payer les dommages qu'il a occasionés par une négligence qu'il est impossible de reconnaître. Si le tonnelier a négligé de boucher les artuisons (les trous) à d'autres endroits visibles, c'est à l'acquéreur à y remédier.

Le tonnelier ajuste souvent et retient une partie d'une douve sous les cercles pour rétablir une douve épeignée, c'est-à-dire rompue dans le jable; la partie que l'on ajoute à cette douve pour la rétablir se nomme *peigne*.

Comme le jable est toujours la partie la plus faible dans une futaille, la rainure que l'on a pratiquée dans cette partie étant prise sur la moitié de l'épaisseur des douves, et étant d'ailleurs souvent exposée à de très-grands chocs, une douve se rompt très-fréquemment dans cet endroit, aussi est-il permis au tonnelier d'y remédier. Nous allons rapporter quels moyens on a coutume d'employer pour réparer ce dommage.

Pour mettre un peigne à une douve rompue dans le jable, le tonnelier enlève les cercles qui portent sur le jable, il choisit une partie d'une bonne douve de la même largeur que celle qu'il veut rétablir. Si cette partie est plus large, il la réduit à une largeur convenable sur la selle à tailler et sur la colombe. Il faut que cette portion de douve n'ait que la hauteur de la partie du jable qu'on veut rétablir, et de plus, environ six à huit centimètres qui doivent servir, comme on va le voir, de recouvrement. La douve rompue est coupée uniment dans le jable. On se sert pour la couper d'une petite scie à main, dite passe-partout, ou scie de jardinier : on doit en avoir de grandeurs assorties ; les plus petites se nomment *égoïnes*. On enlève ensuite, dans l'étendue de six à huit centimètres, une partie de l'épaisseur de la douve, en y formant une espèce de biseau, de façon que la partie la plus mince de la douve soit à l'extrémité de la douve rompue qui se termine au jable.

L'ouvrier présente sur cette douve la partie de celle qu'il veut y substituer. Pour s'assurer si cette partie à rajouter est bien exactement de la même largeur que la portion de la douve rompue taillée en biseau, il ne laisse aussi à celle-ci que six à huit centimètres de plus que la hauteur du jable : il forme le biseau qui doit se trouver en dedans à l'extrémité de la douve, et qui doit se rapporter avec celui qui est déjà formé sur la circonférence intérieure du jable. Enfin il diminue l'épaisseur de cette partie de douve, et en forme un biseau qu'il pose sur le biseau fait à la douve cassée, ce qui fait que la partie amincie de la pièce rapportée, qu'on nomme le peigne, se trouve située à la naissance du biseau de la douve cassée. Au moyen de cette disposition, le peigne et la douve épeignée ne forment pas plus d'épaisseur qu'une douve ordinaire. La douve rompue étant coupée uniment à l'endroit où commence à paraître le peigne qu'on y a substitué forme le jable ou la rainure dans laquelle entre le fond.

On peut aisément mettre un peigne à une douve sans défoncer la pièce et même sans la vider, quand l'accident arrive lorsque la pièce est pleine : les cercles que l'on pose sur la partie assemblée retiennent le peigne en place, et une douve épeignée devient presque aussi bonne qu'une entière.

Si la douve se cassait plus bas que le jable, il faudrait nécessairement lui en substituer une entière, car il est défendu d'y mettre un peigne pour réparer ce défaut.

Souvent il faut encore avoir recours à des expédiens pour arrêter la liqueur qui transsude d'une pièce, ce qui a lieu quand les douves ou les planches du fond ne joignent pas exactement, le tonnelier se sert alors de toile effiloquée et de l'étanchoir, fig. 131 et 148, et il fait entrer cette charpie dans la fente; il enduit ensuite la fente de graisse; quelquefois il se sert d'une espèce de mastic formé avec des feuilles d'orme et de la graisse de mouton pilées ensemble.

Les maîtres tonneliers, pour marquer leurs pièces, ont une empreinte en fer qu'ils font chauffer et qu'ils impriment à chaud. D'autres inscrivent leurs noms avec des cuivres découpés, sur lesquels ils passent avec un pinceau une couche de noir de fumée délayé dans l'huile ou dans la graisse; d'autres enfin se servent tout simplement de la rouanne représentée fig. 160. Avec ce seul instrument ils peuvent faire les lettres de l'alphabet, les chiffres et toutes sortes de dessins, en employant les deux parties recourbées pour faire les parties courbes et la rainette pour tracer les lignes droites.

§ 6. *Autres vaisseaux fabriqués par le tonnelier.*

Les tonneliers ne se bornent pas à faire des tonnes, tonneaux, pipes, etc., les cuviers, cuves, baignoires, baquets sont aussi de leur ressort; mais comme ils emploient à peu près les mêmes moyens que nous avons déjà détaillés, nous laisserons le lecteur en faire l'application aux divers ouvrages dont nous allons parler, il suffira de faire remarquer que la forme de ces vases dépend toujours de celle que le tonnelier donne à chaque douve, et qu'elle tient à la manière dont elle est taillée. Le vaisseau variera plus ou moins de forme : 1° suivant que le tonnelier diminuera la largeur des extrémités du merrain en conservant celle du milieu ; 2° s'il diminue l'une des extrémités et ne diminue pas l'autre; 3° s'il bombe plus ou moins une des surfaces de son merrain ; 4° suivant la pente qu'il donne au clain. La figure des vaisseaux tels que brocs, seaux, baignoires, petits cuviers à tirer le vin, etc., dépend de ces différentes tailles qu'il donne au merrain.

CUVES.

Pour bâtir les petites cuves on prend du merrain de différentes dimensions, suivant la grandeur de la cuve. On commence par dresser ce merrain, comme nous l'avons dit en parlant des tonneaux; mais, comme la forme de la cuve approche un peu de celle du baquet produit par un grand tonneau qui serait coupé sur le bouge, on diminue la douve de largeur seulement sur une de ses extrémités, qui est celle qui doit former la partie inférieure de la cuve, on fait le clain comme à l'ordinaire; puis on creuse un peu la planche dans la partie qui doit se trouver à l'intérieur et on rend convexe la face qui doit se trouver à l'extérieur (v. fig. 181).

Lorsque les cuves sont grandes on emploie du bois de sciage, c'est un chêne refendu à la scie et nommé *gobillard* dans certaines forêts : ces planches ont de onze à seize centimètres de largeur sur vingt à vingt-cinq millimètres d'épaisseur ; il sert à faire des cuves qui contiennent depuis quatre tonneaux jusqu'à quarante.

Mais alors, au lieu que la partie la plus resserrée se

trouve près du fond, comme aux tonneaux, on fait à certaines cuves la partie du jable plus large que le haut de la cuve, ce qui s'appelle une cuve *en tinette* (v. fig. 182), d'où il résulte deux avantages. Le bois de la cuve venant à sécher, les cercles ne coulent point et l'on peut les rebattre, la cuve restant en place, sans être obligé de la renverser pour les serrer.

La pratique pour faire les cuves est la même que pour bâtir les poinçons, le tonnelier prend la mesure des cercles sur la circonférence de la cuve avec des osiers qu'il lie les uns au bout des autres et il la rapporte sur le cercle; mais comme il ne peut l'assujettir avec la main pour le *cocher*, il passe les deux extrémités du cercle dans une entaille faite dans un morceau de bois : il fait sa coche et il lie avec de l'osier comme pour les cercles de poinçon.

Souvent on goujonne les douves entr'elles, soit avec du bois, soit avec des clavettes en fer, comme nous l'avons dit plus haut : ces goujons donnent plus de solidité à la cuve.

Dans certaines provinces on fait les cuves carrées (v. fig. 183), alors on se sert de *moises* avec des coins pour serrer les douves. Les cuves ainsi faites sont moins sujettes à réparation que les rondes reliées avec des cercles et de l'osier. Quelquefois on retient les cuves quoique rondes avec des traverses et des moises au lieu de cercles; mais alors on ceintre entièrement les traverses, de manière à ce qu'elles embrassent et serrent toutes les planches (v. fig. 184). Ces planches sont taillées comme nous allons l'expliquer pour la construction des cuves ordinaires.

Quand les douves forment une portion régulière de

cercle le tonnelier les arrange, et frappe sur la dernière pour faire serrer les autres et les retenir toutes.

On a quelquefois besoin du bâtissoir pour faire revenir les douves du côté où la cuve est plus étroite, on emploie alors le bâtissoir à cuves, fig. 107. Pour former le jable qui doit retenir le fond de la cuve le tonnelier est obligé d'assujettir sa cuve sur le côté, il prend le jabloir à cuves, fig. 117. Cet outil doit faire une rainure qui ait une profondeur proportionnée à l'épaisseur des planches et six à sept millimètres de largeur, aussi le fer *c* produit-il ici le même effet que le bouvet que le menuisier emploie pour faire des rainures. L'outil diffère en ce qu'il tient à une pièce de bois *a* par le moyen de deux tringles *ff* sur lesquelles le jabloir peut avancer ou reculer. C'est ce qui règle, comme fait le trousquin du menuisier, la distance à laquelle on veut placer la rainure. Le jabloir forme une rainure dont le fond n'est pas égal à l'ouverture (v. fig. 185), parce qu'on donne aussi cette forme aux planches qui entrent dans la rainure. Le tonnelier la forme en faisant changer de place à son outil à mesure que la rainure est pratiquée et en faisant passer plusieurs fois le jabloir dans la partie où il doit former le jable.

Il assemble ensuite le fond de la cuve en choisissant de fortes planches bien saines qu'il dresse et dont il unit les épaisseurs de façon que chacune porte, dans toute sa longueur, sur celle qui l'avoisine; il arrange toutes ces planches sur un terrain uni, il les y retient avec des piquets qu'il enfonce en terre, et il trace avec le grand compas le fond de sa cuve sur ces planches qui doivent le former.

Pour tracer cette circonférence il mesure celle de la

cuve avec le grand compas dont nous venons de parler et dont nous aurons, dans un instant, l'occasion de parler encore; il prend sa mesure dans le jable, et la sixième partie de sa circonférence forme le rayon de son fond qu'il trace avec un compas, fig. 146, sur les planches dressées et placées les unes à côté des autres. Le compas à cuves est fait avec deux tringles de bois qui sont aplaties d'un côté. L'une des extrémités de ces tringles est fendue, et, partagée suivant son épaisseur, permet à l'extrémité de la seconde d'entrer dans cette ouverture. Elles sont toutes deux traversées par une vis qui leur permet le mouvement de charnière et forment la tête du compas.

Les deux autres extrémités de ces tringles sont pointues et garnies d'une pointe de fer ou mieux encore d'acier. Environ au quart de leur longueur du côté de la tête du compas est ajustée, à l'une des branches, une troisième tringle de bois, formée en portion de cercle qui est retenue par deux chevilles et qui passe dans une mortaise faite à une des branches du compas. Cette partie en quart de cercle est destinée à assujettir le compas selon l'ouverture que l'on juge convenable de lui donner. Ainsi lorsque le tonnelier l'ouvre pour tracer son fond, il le maintient à l'aide d'une vis, qui, par sa seule pression sur ce quart de cercle, retient le compas, quand il lui a donné l'ouverture du rayon de la cuve qu'il a mesuré.

Le cercle tracé à l'aide du compas dont il vient d'être parlé, on se règle sur ce trait pour scier les planches. Quelques ouvriers tracent deux cercles concentriques, ou scie les planches suivant le plus grand de ces cercles, en ménageant le trait, comme nous l'avons dit plus haut en parlant des fonds des tonneaux; quant au cercle plus petit il sert à faire le biseau plus régulièrement. Ce biseau doit être pratiqué sur toutes les planches du fond, c'est par ce moyen que le fond entrera dans le jable.

Pour faire entrer le fond dans le jable on a recours à la tire à barrer, fig. 127. Cette tire est plus forte que celle des tonneaux, avec son secours on pose les planches du fond, comme nous l'avons dit en parlant des tonneaux.

On pratique intérieurement sur le bout des planches de la cuve, et par le haut, une feuillure ou entaille à mi-bois, d'environ un centimètre et demi de profondeur pour pouvoir, si l'on veut, mettre un fond supérieur, ou un couvercle à la cuve. On dispose ce second fond tout prêt à pouvoir être placé quand on le jugera à propos. Il est formé de plusieurs planches dressées principalement sur leur champ, on les taille sur les dimensions de l'ouverture de la cuve, et on les conserve pour pouvoir *foncer* la cuve quand on veut conserver du vin à clair pendant quelque tems sans l'extraire de la cuve. On fait pour lors entrer à force de la mousse entre les planches et on les recouvre de terre grasse, couverte elle-même d'un lit de sable de cinq, huit ou onze centimètres d'épaisseur.

Les grandes cuves, on en fait qui tiennent jusqu'à quarante pièces avec les mares, sont ordinairement cerclées de barres de fer qui se resserrent avec des écrous ou des clavettes; elles durent plus long-tems; mais il arrive quelquefois que ces cercles viennent à se rompre, et comme il n'y en a que peu sur une cuve, la rupture d'un seul cercle peut entraîner la perte de tout le vin.

BAIGNOIRES.

Pour former les baignoires, fig. 187, on trace ordinairement sur le terrain la forme qu'on veut leur donner. Les baignoires ont souvent la forme d'une ellipse allongée dont les côtés sont plats, pour tailler les douves. on fait usage du crochet, fig. 165, 166 et 167, ce crochet porte deux courbes, l'une doit servir à donner la forme aux douves qui seront peu bombées sur leur surface extérieure et qui sont destinées à être posées sur la longueur de la baignoire. L'autre côté du crochet présente une courbe très-bombée et prescrira celle propre aux douves que l'on place sur sa largeur. Le tonnelier, quand il a taillé ses douves différemment, comme nous venons de le voir, suivant la place qu'elles doivent occuper, lie deux cercles. Il commence par leur donner un peu la forme de la baignoire en les y contraignant avec la main. Il pose dans son cercle chaque douve en les faisant porter sur le trait qu'il a fait sur le terrain, et la différente taille des douves ne tarde pas à faire prendre la même figure au cercle qui doit ensuite la faire conserver aux douves une fois arrangées.

BROCS.

Le broc est, de toutes les pièces que construit le tonnelier, celle qui, par sa forme, exige le plus de soin; nous parlerons de sa construction après avoir dit un mot sur son usage.

Ce vase sert, le plus souvent, à transporter des liquides d'un lieu dans un autre, lorsqu'on a dessein de mettre la liqueur dans un vase plus propre à la conserver, on l'emploie aussi dans quelques endroits comme mesure. On vend certaines liqueurs au broc, et le broc contient plusieurs litres : cette mesure n'est point légale. On fait d'ailleurs des brocs de contenance variée selon le besoin.

La partie la plus renflée du broc est vers la base, à partir de ce renflement le haut va en diminuant de diamètre, puis, arrivé au colet il s'élargit un peu pour prendre une forme propre à verser commodément la liqueur qu'il contient. (v. fig. 188 et 189).

Comme les tonneaux, il est composé de plusieurs petites doiles (v. fig. 190), moins on leur donne de largeur et plus la courbe du broc est régulière. Le bas de chaque douve doit donc être plus large que son extrémité supérieure, et l'angle que l'on remarque en examinant l'épaisseur des douves taillées, au lieu de se trouver à la partie moyenne de la doile, comme cela a lieu lorsqu'il s'agit des douves des tonneaux, doit ici être placé vers la base de la planche, parce que, comme nous venons de le dire, le broc doit être plus renflé vers cette partie. Pour former cet angle, les tonneliers n'ont aucune mesure. Le coup-d'œil leur suffit, et ils le tracent cependant assez régulièrement, ainsi que le biseau du clain qui doit se trouver sur l'épaisseur des douves pour qu'elles puissent toutes se toucher et prendre la courbe qu'elles doivent donner au broc. Elles sont toutes bombées sur leur surface extérieure, et, intérieurement, le tonnelier a enlevé une partie de leur épaisseur dans la portion qui doit faire la partie plus renflée du broc pour lui donner plus de capacité et pour faciliter la courbe que chaque douve doit prendre lorsqu'elle sera maintenue par les cercles.

Pour retenir les douves et monter le broc, le tonnelier les arrange et les pose à côté les unes des autres de façon que leurs extrémités inférieures, celles qui étant plus larges doivent devenir la base du broc, se touchent; il les maintient toutes avec un ou deux cercles. Quand une douve est trop large, ou qu'au contraire il la croit trop étroite, il la diminue ou il la change et la remplace par une plus large; les extrémités de ces douves opposées à celles-ci, qui sont ainsi assujetties, tendent à s'écarter les unes des autres. Pour les faire revenir il les place dans un chaudron rempli d'eau et les y laisse bouillir pendant quelque tems pour attendrir le bois, alors ils se sert du bâtissoir pour réunir ces extrémités ainsi écartées, et il les maintient par un second cercle qu'il a lié comme le premier avec de l'osier et qui est d'une grandeur convenable.

Pour resserrer encore les cercles il se sert de petits coins de bois, V. *fig*. 191, qu'il fait entrer à force entre les douves et le cercle, il les laisse dans cet état pendant plusieurs jours.

Il ne s'agit plus ensuite que de faire le jable qui doit retenir le fond, et de substituer aux cercles de bois des cercles de tôle, maintenus par des clous. On ajoute encore à l'ouverture du broc une plaque de tôle ou de cuivre recourbée, et qu'on nomme *bec*, pour former l'évasement dont nous avons parlé, et qui sert de gouttière et de conduite à la liqueur quand on veut verser dans un autre vase.

L'anse du broc est composée de tôle, de fer et de bois. Il y a des anses qui sont simplement clouées, d'autres qui passent sous les cercles et qui, relevées par les bouts, formentdes crochets qui s'opposent à ce que l'anse puisse quitter; ce sont ces dernières que nous avons dessinées *fig.* 192 et 193; la *fig.* 192 est la partie en fer de l'anse, vue en perspective en dedans, c'est-à-dire du côté qui regarde le broc. La figure 193 est la même partie en fer, mais vue par dehors, c'est-à-dire par la face où le bois qui entre dans la composition de l'anse devient visible. Voici comment on façonne cette partie en fer.

On coupe avec les cisailles une bandelette de tôle, plus ou moins épaisse, longue et large selon la force du broc dont on veut faire l'anse; on forge à froid cette bande de tôle, et dans toute sa longueur, excepté vers les extrémités, on lui donne la forme d'une gouttière. On la contourne en suite en *s*, et comme dans cette opération la gouttière qui n'était que commencée a été déformée on relève, en les étirant sur le coin de l'enclume, les rebords de cette gouttière, et on abat avec une lime les barbes qui peuvent se faire sur la tranche de ses rebords amincis par le marteau. Cette gouttière et ces rebords sont visibles en *a*, *fig.* 193; dans la *fig.* 192 ils sont en-dessous : du côté de la partie convexe la ligne ponctuée *b* indique le contour du broc.

La partie en bois est représentée par les figures 194 et 195; on choisit pour la faire un bout de cercle bien sain, qu'on plane, qu'on arrondit d'un côté et qu'on frotte ensuite avec le papier de verre ou la prêle. Sa longueur et sa largeur sont déterminées par la capacité de la gouttière en fer. Pour rendre ce morceau de cercle très flexible, sans risquer de le casser, on fait sur l'une de ses faces, celle qui doit être en-dessous, des navrures; on appelle ainsi des coupures peu profondes faites avec une scie à lame épaisse ou à lame ordinaire, mais à laquelle on donne beaucoup de voie. Si on n'a pas de ces scies on fait les navrures plus rapprochées et cela revient au même. On met tremper le bois et alors il devient facile de le courber, les navrures prennent alors la forme prismatique, ainsi qu'on peut le voir dans la *fig.* 195, représentant l'anse courbée. Le bois étant ainsi courbé on l'applique dans la gouttière *a* de la *fig.* 193, et on sertit avec un petit marteau les rebords sur le bois qui se trouve ainsi enclavé et retenu solidement, on pose alors l'anse soit à l'aide de clous, comme nous l'avons dit, soit en faisant passer les bouts *c d* sous les cercles et les repliant ensuite en crochet ainsi que nous l'avons dessiné dans les *fig.* 192, 193. Beaucoup de brocs sont cerclés et garnis en cuivre.

Il faut donc au tonnelier, indépendamment des outils dont nous avons parlé, des cisailles, des poinçons pour percer le fer à froid, une petite bigorne, des rivoirs, des limes et autres outils de serrurerie.

BIDONS.

Le bidon est encore une espèce de broc maintenu par plusieurs cercles de fer ou de cuivre ; on l'emploie principalement pour distribuer le vin aux soldats et à chaque matelot dans les équipages de la marine.

Les tonneliers réparent aussi les cuves; ils rachètent les vieilles pour en faire des cuviers, baignoires, etc., en diminuant les douves et les travaillant sur la grandeur qu'ils veulent donner au nouveau vaisseau qu'ils se proposent de construire. Ils font des feuillettes avec les douves des vieux tonneaux, et avec celles qu'ils ne peuvent employer à faire des feuillettes ou des poinçons ils construisent des quarts ou des barils. Les futailles coupées en deux forment des baquets, connus sous le nom de *Bailles* dans la marine.

En général, lorsque les vieilles douves ne peuvent plus servir à aucune des fabrications dont nous venons de parler on en trouve encore un emploi utile en en faisant des brocs, des seaux, des fontaines qui s'adossent contre les murs, des barils à vinaigre, etc. La *fig.* 196 représente une fontaine faite par le tonnelier, et la *fig.* 197 un baril à vinaigre.

BOUÉES.

Nous avons dit que les tonneliers dans les villes maritimes faisaient les bouées dont on se sert pour reconnaître en rade l'endroit où un vaisseau a jeté son ancre. Ces bouées flottantes indiquent l'endroit où la chaloupe doit se rendre pour lever l'ancre; il est encore nécessaire de reconnaître cet endroit afin qu'un autre bâtiment ne vienne pas s'endommager en donnant, dans un endroit où l'eau est peu profonde, sur la patte de l'ancre. On fait des bouées de deux façons.

Les premières sont faites en cône (v. *fig.* 198), le côté le plus large, la base du cône est fermée par un fond qui entre dans un jable pratiqué dans chacune des planches qui forment la bouée, à un décimètre environ de leur extrémité. On met encore dans l'espace du bouge, c'est-à-dire depuis ce fond jusqu'à l'extrémité des planches qui servent à le former, de l'étoupe et du bray que l'on recouvre de grosse toile, et on attache sur l'extrémité des douves un second fond de sapin ou de tout autre bois léger. Ce second fond sert à parer les bouées des abordages qui pourraient endommager le premier fond, faire prendre eau et enfoncer la bouée.

L'autre extrémité de la bouée est terminée par une pointe aussi aigue qu'il est possible. Elle est cependant garnie d'un fond placé dans une rainure semblable à celle de la base et faite de la même manière. Ce fond est placé au tiers de la bouée à compter de la pointe du cône.

Les bouées ainsi construites sont liées par plusieurs cercles de fer qui en maintiennent les planches. Les plus grosses en ont sept ou neuf. La bouée bien ferrée est en outre de celà *brayée* et recouverte de goudron.

En haut du côté de la base du cône on pratique une espèce d'ouverture de bondon, large de quatorze millimètres, un peu plus un peu moins, qui sert à *cambuger* la bouée, à vider l'eau qui pourrait y entrer à la longue ou par le défaut d'exactitude dans la réunion de ses pièces. La bouée, sortie des mains du tonnelier, est garnie à bord des cordages qui servent à l'attacher à l'*aurin* qui est un cordage dont un bout est amarré aux pattes de l'ancre et l'autre à la bouée. Il sert à indiquer, comme nous l'avons dit, l'endroit où est l'ancre.

Les Anglais font usage des bouées, *fig.* 199, autrement construites; elles sont oblongues comme seraient deux cônes réunis par leur base. On a cru s'apercevoir que, par un gros tems, elles sont moins faciles à être remarquées que les autres.

La dimension des bouées est proportionnée à la force de l'ancre, une ancre de 3 ou 4 mille kilogrammes porte une bouée d'un mètre et quart de longueur sur un mètre de base. Les autres dimensions sont aussi déterminées et fournies au tonnelier lorsqu'on lui fait la commande d'une bouée. Le tonnelier doit se conformer à ces indications à peine de voir refuser son ouvrage.

§ 7. *Descente des pièces à la cave; sortie des tonneaux de dedans les bateaux; fossets; bondes et bondons; fente de l'osier*, etc.

A Paris, et dans les pays où les caves sont profondes, les tonneliers sont chargés par les propriétaires et les marchands de vin de descendre et de placer dans les caves les tonneaux de vin, de cidre, etc. Ce sont eux aussi qui font pour les épiciers la descente de l'eau-de-vie, des huiles, etc. Cette operation demande quelques précautions et des expédiens que nous devons décrire.

La descente d'une pièce de vin dans une cave exige au moins deux garçons tonneliers et souvent trois. Il faut éviter les trop fortes secousses qui pourraient faire rompre les cercles et occasioner la perte de la liqueur : voici les moyens qu'ils employent pour prévenir cet inconvénient. Ils établissent en travers de la porte de la cave une longue pièce de bois, dite *bourde*, à laquelle ils ont attaché un ou deux forts cordages par le moyen de boucles dans lesquelles passe la bourde : deux garçons roulent le tonneau, et lorsqu'il est parvenu à la porte de la cave, un garçon se met devant la pièce pour la retenir. L'emploi de ce dernier est de diriger le tonneau le long de l'escalier tandis que les deux autres prennent la corde qu'ils ont fait passer par-dessus le tonneau et qui l'entoure, et ils occasionent un frottement en la faisant couler dans leur tablier qu'ils retiennent encore avec la main; ou bien en la tournant autour d'un poteau s'il s'en trouve un à portée et en faisant frotter le cordage contre le mur. Celui qui descend avec le tonneau le soutient toujours en s'appuyant dessus, et, à l'aide de ses genoux, il le conduit jusqu'à ce qu'il soit parvenu au bas de l'escalier, il le roule alors dans la cave jusqu'à l'endroit qui lui est destiné et le met sur le chantier.

Quand les tonneliers se proposent de descendre dans une cave des tonneaux d'huile ou des pipes d'eau-de-vie, comme ces pièces sont fort grosses, il faut qu'ils prennent d'autres précautions, ils font alors usage de deux machines assez simples qu'ils nomment *poulains*. Le grand poulain est construit avec deux fortes pièces de bois dont les extrémités sont relevées : elles sont longues de quatre à cinq mètres, assemblées et jointes ensemble par quatre traverses, deux en haut et deux en bas, les deux montants sont arrondis (V. figure 200); une extrémité de ce bâtis doit porter sur le terrain, l'autre, taillée en biseau, doit appuyer sur la muraille devant l'entrée de la cave.

Le petit poulain est une espèce de traineau composé de deux pièces de bois équarries, d'un mètre et tiers de longueur (V. figure 201), dont les extrémités sont relevées pour que le poulain puisse mieux couler sur les marches. On donne du pied au grand poulain et on l'appuie le long de la muraille devant la trappe ou la porte de la cave : on arrête le cable au poulain sur lequel la pièce est solidement fixée : on tourne la corde deux ou trois fois autour d'un des montans du grand poulain et on la lâche doucement au fur et à mesure que le petit poulain descend. Un aide precède la pièce, la dirige et la conduit jusqu'au bas de la cave. Arrivée au bas, plusieurs aides surviennent et la pièce est roulée à l'endroit qu'elle doit définitivement occuper.

Il va de l'intérêt des tonneliers et particulièrement de celui qui précède la pièce de visiter le cable avant de s'en servir pour qu'il ne vienne pas à se rompre pendant la descente.

Pour remonter les pièces d'eau-de-vie, d'huile, etc., de dedans les caves, les tonneliers emploient encore un bâtis à peu près semblable au grand poulain que nous venons de décrire, excepté que les montans de celui-ci sont équarris (V. pour l'ensemble figure 202, et pour les détails figure 203) et qu'ils portent au quart de leur hauteur du côté qui doit appuyer sur le terrain un treuil ou moulinet figure 204, qui est retenu par l'une et l'autre de ses extrémités dans les encoches ou échancrures faites à chacun des deux montans du bâtis; on l'appelle le *moulinet;* le câble s'entortille sur le treuil, et plusieurs aides appuyant sur les leviers, parviennent ainsi à monter par les trappes les pipes ou tonnes d'huile qu'on a assujetties sur un petit poulain auquel on attache l'autre extrémité du câble.

On se sert encore pour monter les pipes d'eau-de-vie ou d'huile par la trappe des caves des épiciers, de poulies moufflées, chaque mouflé porte trois poulies : l'un des mouffles est attaché au plafond par un crochet, un bout de la corde est attaché au bas de ce premier mouffle et va passer sur la première poulie du second mouffle; de là, elle remonte sur la première poulie du mouffle suspendu au plafond, puis passe sur la seconde poulie du mouffle d'en bas et ainsi de suite jusqu'à ce qu'elle embrasse les six poulies; enfin le bout du câble redescend jusqu'à l'endroit où plusieurs hommes tirent dessus pour faire monter le second mouffle auquel est attaché le tonneau et le faire approcher jusqu'auprès du premier mouffle.

Cette extrémité de la corde tient au tonneau par le

moyen de deux crochets figure 205, la corde retient l'un et l'autre de ces crochets en passant dans une ouverture qui est à l'extrémité opposée du crochet figure 206, cette extrémité de la corde forme une boucle dans laquelle la corde est engagée. Par cet arrangement elle peut former un triangle plus ou moins grand suivant la longueur de la pièce qu'on veut monter, et comme la corde forme un nœud coulant, la pesanteur du tonneau oblige les deux crochets à serrer la futaille qu'ils tiennent par les jables, tandis que des hommes tirent sur l'autre extrémité de la corde quand ils veulent l'élever (V. figure 205).

Pour sortir les tonneaux des bateaux, on place des madriers formant un pan incliné depuis le fond du bateau jusqu'au rebord, puis, à l'aide d'un ou deux câbles passant sous le tonneau et revenant par dessus, des hommes tirent pendant que d'autres, placés dans le bateau, poussent par derrière. Lorsque la pièce est arrivée sur le bord, on la fait passer sur deux autres madriers appuyés d'un bout sur le bord du bateau et de l'autre sur le port, et alors, en la retenant avec des cordes ou même simplement à la main s'il y a possibilité et si la pente n'est point trop rapide, on la laisse rouler sur ces deux madriers jusqu'à ce qu'elle ait atteint le pavé : des hommes s'en emparent alors et la font remonter sur la berge. Presque toujours cette opération est faite par des ouvriers qui en font leur spécialité et qu'on nomme *dérouleurs*.

Assez communément, dans les caves bourgeoises, c'est le tonnelier qui est chargé de tirer le vin et de le mettre en bouteilles. Nous devons en dire deux mots.

Pour percer les pièces, ils se servent des mèches dont

nous avons parlé plus haut au chapitre des outils, et que nous avons représentées figures 140, 141, 142, 143, 144; ils font ce trou dans une des maitresses planches du traversin, par le bas, à cinq centimètres ou cinq centimetres et demi du jable au-dessus de la lie.

Le tonnelier se sert souvent, pour transvider le vin ou pour ne point perdre celui qui s'échappe des bouteilles, d'une petite espèce de baquet dont le fond est plat, qui est circulaire d'un côté et qui se termine en pointe de l'autre. Ce dernier côté est destiné à servir de gouttière au liquide quand on veut l'entonner dans un autre vase. Nous n'avons point donné de détails sur sa construction, parce qu'elle n'offre aucune particularité remarquable et que sa figure dépend de la forme des différentes douves dont il est composé (V. figure 207).

Pour vider une pièce de vin et transporter ce vin dans un autre tonneau, on se sert d'un siphon composé de deux branches parallèles verticales, jointes par une branche horizontale : trois branches sont formées par un tuyau de fer-blanc (V. fig. 208, 209, 210 et 211,); on doit faire attention à ce que l'une des branches du siphon soit plus longue que l'autre, sans quoi l'effet serait nul : sur la partie antérieure on établit un petit tube en fer-blanc, à l'aide duquel, quand la branche la plus courte est plongée dans la liqueur qu'on veut transvider, on fait le vide en aspirant l'air, la liqueur monte, remplit tout le siphon et s'écoule par l'orifice inférieur ; une fois le courant établi, il se continue jusqu'à ce que toute la liqueur à transvider soit écoulée. On a aussi des pompes foulantes qui produisent le même effet. Par ce moyen on transvase les liqueurs sans les brouiller ni les méler avec la lie qui pourrait se trouver dans l'ancien tonneau où elle est déposée.

On ne soutire pas les vins à la même époque dans tous les pays, et aussi on varie dans la manière de faire cette opération, suivant les localités. Assez souvent, c'est au mois de décembre quand les vins sont bien reposés et bien éclaircis; mais bien plus généralement, on attend les mois de février et même de mars. La règle est de ne pas attendre l'équinoxe du printems pour faire cette opération importante. Quelle que soit l'époque qu'on ait choisie, il faut encore faire attention aux circonstances atmosphériques. Les tems mous et humides, les vents chauds, font remonter dans le vin clair les parties fermentessibles, légères qui reposent sur la lie ; le meilleur tems pour soutirer est par un vent du nord ou de l'est lorsque l'air est sec et frais et que le ciel n'est point couvert.

Dans beaucoup d'endroits, on soutire avec la cannelle figure 212. On perce un trou à six centimètres du jable et on introduit dans le trou une grosse cannelle en cuivre dont la douille est conique et que l'on fait entrer en la frappant avec un maillet : ou bien, ce qui vaut mieux, en la vissant dans le trou afin de ne pas ébranler la liqueur, ce qui a indubitablement lieu lorsqu'on frappe avec le maillet. Dans ce cas, la cannelle doit porter un pas de vis conique sur la douille ainsi que nous l'avons représenté figure 213. Il faut entr'ouvrir le robinet en posant la cannelle, afin que le liquide qui s'y introduit puisse chasser au dehors la partie d'air qu'elle contient, sans quoi cet air refoulé à la surface du liquide qu'il traverse produit une commotion qui dérange la lie : on ferme le robinet aussitôt que le vin coule. La cannelle étant posée on enlève la bonde sans frapper sur le tonneau, à l'aide du tire-bonde figure 147, et l'on perce la douve de quatre à cinq trous de foret ou de vrille afin que l'air puisse y pénétrer au fur et à mesure que le vin coulera. Si l'on se sert d'un foret il faut l'enfoncer en tournant comme une vrille et non frapper comme à l'ordinaire; car l'ébranlement causé par le choc occasionerait le déplacement de la lie. Quand les choses sont en cet état on soutire le vin dans des brocs, la cannelle reste ouverte pendant toute l'opération. Un ouvrier exercé retire le broc plein, et le remplace par un vide, sans répandre de vin : cependant on met sous la cannelle le baquet figure 207 lorsque le vin est baissé au niveau de la cannelle : il cesse de couler; alors on incline la pièce en élevant le côté opposé à la cannelle et le maintenant ainsi, soit à l'aide de cales en bois ou en pierre, soit à l'aide d'un bâton armé par chaque bout d'une double pointe de fer. On pose ce bâton en arc-boutant derrière le tonneau et il le soulève et le soutient par le jable. On tire dans les brocs tant que cela est possible, en ayant soin de faire passer le vin sur une tasse ou une cuiller d'argent afin de fermer la cannelle aussitôt que la liqueur se trouble. Lorsqu'il y a très peu de lie dans un tonneau, on est obligé de l'incliner beaucoup pour en tirer tout le vin clair. La cannelle étant alors trop basse pour placer le broc dessous, on laisse couler dans le baquet en observant toujours la limpidité du liquide.

Cette méthode très expéditive n'est pas sans inconvénient, surtout pour les vins dont le bouquet est précieux à conserver, la liqueur est mise en contact avec l'air et doublement battue, d'abord en tombant dans le broc et ensuite lorsqu'on le verse dans l'entonnoir, d'où elle tombe dans le tonneau. Aussi dans diverses contrées, à

Beaune, à Bordeaux, emploie-t-on un autre procédé pour transvaser les vins sans commotion et sans les mettre autant en contact avec l'air.

La pièce à remplir est avancée en travers devant la pièce à vider. On les cale toutes deux dans cette position. On retourne la cannelle de manière à ce que l'orifice ne soit plus tourné vers le sol; mais soit dans une situation toute contraire, ainsi qu'on le peut voir en *a* de la figure 214. Cette même figure représente un siphon qu'on fait ordinairement en cuir, mais qui peut être également en fer-blanc. Lorsqu'on le fait en cuir, et c'est ainsi que nous l'avons dessiné en *b*, on a deux bouts de tube en bois tendre, comme tilleul, cerisier, mûrier, etc., faits un peu en cône et ayant vers la base un double bourrelet. On amolit en laissant tremper quelques heures dans l'eau les deux bouts du tuyau en cuir *b*, et on fait entrer dans ces deux bouts, les deux tubes en bois du côté de leurs bourrelets : on serre le cuir encore mouillé dans l'étranglement qui se trouve entre les deux bourrelets, au moyen d'une corde cirée dont on fait plusieurs tours, le tout ainsi qu'on le peut remarquer en *c d* de cette même figure 214. Les choses ainsi disposées, on fait entrer à force et en le garnissant de chanvre, si cela est nécessaire, le tube *c* dans la cannelle *a*; quant au tube *d* on le fait entrer dans le trou du bondon de la pièce vide, et de manière seulement à ce qu'il tienne. On ôte alors la bonde de la pièce pleine et on remplace cette bonde par la base du soufflet figure 215; ce soufflet est à deux vents, afin que le vent une fois passé ne puisse revenir sur lui-même, la base ou canon recourbé *a* est garnie d'un cône en liége *b* qui bouche hermétiquement le trou de la bonde, le vent lancé par le soufflet est non interrompu au moyen de la tringle courbé *c*, qui passe dans un trou pratiqué au milieu de la poignée *d*; il y a deux soupapes : une qui est la prise d'air du ventilateur *e*, l'autre de transmission qui se trouve à l'intérieur au milieu du diaphragme *d* ; quant à la base *a*, elle n'a pas de communication avec le ventilateur *e*, mais bien avec le ventilateur supérieur *f* qui ne prend vent que par la soupape du diaphragme. Lorsque le soufflet est bien assujetti sur la pièce à vider, on fait mouvoir la poignée *e* en tenant ferme celle *d*; cette poignée, au moyen de la tringle *c*, communique le mouvement au ventilateur *f*, et un vent continu, fort et ne pouvant revenir en arrière, se trouve lancé dans la pièce à vider; l'air s'y comprime et fait monter la liqueur dans le tuyau *b*, figure 214, qui la conduit dans la pièce à remplir.

Ce transvasement se fait de la sorte sans aucun ébranlement et sans que la liqueur se trouve battue ni en contact avec l'air extérieur : il faut avoir soin de cesser de souffler aussitôt que la liqueur a atteint le niveau de la cannelle, le bouquet du vin ne s'affaiblit pas, parce que l'air qui est lancé dans le tonneau à vider ne se renouvelant pas, comme cela aurait lieu à l'air libre, ne peut servir de véhicule à l'arome qui forme ce bouquet.

Lorsque tout le vin est écoulé, ce dont on s'aperçoit par le bruit que fait le vent dans le tuyau *b*, on ferme le robinet, on ôte le tuyau et on le remplace par un entonnoir, on incline la pièce vide, on fait tomber ce qui reste de vin clair dans le baquet ; puis on le verse dans l'entonnoir après quoi on bondonne la pièce qu'on vient de remplir.

Fossets.

On est souvent obligé, pour goûter le vin ou pour donner de l'air à la pièce dont le vin travaille, ou encore pour pouvoir le tirer, de faire plusieurs ouvertures à la futaille qui le renferme. On se sert pour cela du foret *fig.* 152, on perce au-dessus du vin. On reconnait la hauteur du niveau en frappant sur la pièce avec un doigt recourbé ou bien avec la poignée du foret. Quand on veut tirer par une semblable ouverture un peu de vin pour l'examiner ou le goûter, on fait le trou plus bas que le niveau, et ensuite le vin étant tiré, on ferme cette ouverture avec une petite cheville de bois faite en cône, qu'on nomme fosset.

Plusieurs tonneliers font eux-mêmes leurs fossets, ils se servent pour cela d'un couteau, ils les font en se promenant : ils coupent en pointe une petite baguette de noisetier, ils l'arrondissent, abattent la pointe et coupent le fosset à la longueur de trois ou quatre centimètres. Ce fosset bouche l'ouverture qu'on a faite avec le foret, on frappe dessus assez pour l'y retenir. Quand on goûte le vin d'un tonneau déposé dans une cave, on le perce dans la partie supérieure et l'on n'enfonce pas le fosset trop avant pour pouvoir le retirer une seconde fois s'il fallait donner de l'air à la pièce.

Bondes.

Nous avons dit que le tonneau était percé d'un trou dans le bouge et que cette ouverture formait ce qu'on appelait le *trou du bondon* : c'est par là qu'on entonne le vin, le tonneau rempli, on ferme cette ouverture avec un bouchon de bois que l'on nomme *bonde* ou *bondon*. Les tonneliers font assez souvent eux-mêmes leurs bondes, nous allons dire comment ils s'y prennent : dans les grandes villes ils trouvent quelquefois des bondes tournées, mais plus ordinairement ils emploient des bondes taillées.

Le bondon est un disque, cône tronqué, qui a la même forme que le trou conique pratiqué dans la douve du tonneau, quoiqu'il ait peu de hauteur, il faut cependant qu'une de ses bases soit plus large que l'autre, afin qu'il fasse quelque résistance à mesure qu'on le frappe et qu'on le force à entrer dans cette ouverture.

L'ouverture du bondon d'une pipe est plus grande que celle d'un poinçon, aussi les dimensions des bondes doivent elles être différentes.

On fait les bondes à l'aide de mandrins assortis à la grosseur des bondonnières. Les mandrins sont des cônes de bois dur arrondis par leur sommet, c'est le tourneur qui fait ces mandrins dont la base doit être de la grandeur qu'aura le petit diamètre de la bonde qui sera faite sur ce mandrin. On plante dans la base du mandrin trois ou quatre pointes de fer qu'on aiguise ensuite avec une lime; ces pointes, saillantes de huit à dix millimètres, servent à retenir le bout de planche destiné à être taillé en bonde, ces cônes peuvent avoir de trois à cinq décimètres de longueur, plus ou moins, suivant le diamètre de la base qui doit toujours, ainsi que nous venons de le dire, être déterminé par la grandeur des bondes qu'on veut faire. La *fig.* 216 fera de suite comprendre comment est fait ce mandrin, au dessous en *b* des bondes toutes faites et à part en *a* un carré de douve prêt à être taillé.

Quand le tonnelier veut faire une bonde, il prend le mandrin qui convient à la grandeur du trou et il le pose sur un carré *a* en bois qu'il a coupé dans une douve de rebut, mais épaisse, ou bien sur une bonde trop large qu'il veut diminuer, il enfonce les pointes du mandrin dans ce carré ou dans cette bonde en frappant un peu sur son sommet, puis il le pose sur le charpi en le tenant bien d'aplomb; alors, à l'aide de la cochoire dont il pose la planche sur le cône et dont il suit la direction en frappant, il taille le bondon en enlevant tout ce qui dépasse la base de son mandrin.

S'il arrive qu'un bondon se trouve trop petit pour l'ouverture de la pièce, au lieu d'en faire un autre, ce qui serait par fois assez difficile si on n'avait pas de mandrin, on prend des chiffons de toile et on entoure le bondon de ces chiffons qu'on peut imbiber de glaise ou de graisse; par ce moyen, un bondon qui serait trop petit peut très-bien boûcher une pièce pour laquelle il n'était pas destiné.

Osier *pour lier les cercles et cerceaux.*

Les vignerons, dans certains pays, cultivent l'osier dans les sillons de leurs vignes. On coupe tout les ans dans l'hiver les jeunes pousses quand la sève commence à y monter, ils le mettent en bottes (v. *fig.* 217), et c'est dans cet état qu'ils le vendent aux tonneliers qui, assez souvent, le fendent eux-mêmes. Dans certains pays, on fend l'osier en trois, dans d'autres en quatre; en Bretagne on ne fend qu'en deux, et l'on nomme *prète* l'osier ainsi refendu. Nous avons dit plus haut et nous le répétons ici, c'est l'osier rouge qui est seul employé et on lui conserve son écorce : voici comment le tonnelier ou le vigueron lorsqu'il fait lui-même cette besogne, s'y prend pour fendre l'osier.

On prend d'une main le scion d'osier par le petit bout, et de l'autre qui est armée d'un petit couteau à lame courte et un peu recourbée on le partage en deux parties, puis en trois ou en quatre, cela dans la longueur de trois ou quatre centimètres seulement, de façon que la branche soit divisée en parties égales qui rayonnent toutes au centre; ensuite, avec les doigts on oblige chaque brin à commencer à se déchirer, et quand on les a ainsi séparés dans une partie, on se sert du fendoir représenté *fig.* 218 qui est un petit bâton arrondi fait en ivoire ou même simplement en bois dur, dont l'extrémité conique est partagée en trois ou quatre parties, selon qu'on veut fendre en trois ou en quatre, par des sillons, ou cannelures, prenant au sommet et venant se perdre à la circonférence ; ces sillons sont destinés à recevoir les trois ou quatre parties de la branche, et les angles qu'ils forment au sommet étant un peu tranchans, ils servent à opérer la division de la branche en ligne droite.

Lorsqu'une fois le fendoir est entré entre les parties de la branche qui est commencée à fendre on n'a plus qu'à pousser la branche sur le coupant du fendoir qu'on maintient ferme de l'autre main. Les parties divisées obéissent à la direction des sillons et se déchirent de la sorte régulierement jusqu'au bout le plus menu du scion, on rassemble ensuite l'osier fendu par bottes de cent ou de cinquante brins et on le met dans un lieu humide pour le conserver frais, ce qui n'empêche pas de le mettre encore tremper, ainsi que nous l'avons dit plus haut, lorsqu'on est au moment de l'employer.

Si le scion est petit, on n'emploie que la lame du couteau que l'on conduit à la main d'une extrémité à l'autre.

Quelques accessoires, outils et produits.

La *fig.* 219 représente le haquet dont les tonneliers se servent pour transporter les futailles, il porte à l'avant un treuil au moulinet *a b*, comme les grands haquets ordinaires, un seul timon un peu long et un palonnier pour qu'un ou deux hommes puissent le tirer commodément lorsqu'il est chargé. Il est fait de façon qu'en le démontant, chaque partie séparée puisse se loger aisément dans quelqu'endroit que ce soit et y être mise à couvert. Les brancards ne sont retenus sur l'essieu que par deux chevilles de fer qui se posent en-dessus et qui traversent l'un et l'autre. L'essieu de ces petites voitures est quelquefois de bois, mais plus ordinairement de fer.

Fig. 220, le même haquet démonté et enlevé de dessus son essieu; *a a* sont les deux chevilles de fer qui servent à le maintenir sur l'essieu *b b*.

Fig. 221, limon du haquet vu de côté, *a* l'entrée du treuil.

Fig. 222, moulinet au treuil, *b b* bras ou leviers du moulinet,

Fig. 223, petit baquet fait en cœur qui sert d'entonnoir et qui porte à l'extrémité la plus large, une douille de fer-blanc ou de cuivre que l'on introduit dans l'ouverture du bondon d'une pièce qu'on remplit.

Fig. 224, entonnoir.

Fig. 225, tinette à mettre du beurre fondu ou de la viande salée.

Fig. 226, petit cuvier à laver le linge. On en fait de

très-grands en sapin de deux à trois centimètres d'épaisseur.

Fig. 227, baratte, vaisseau servant à battre le beurre.

Fig. 228, 229, 230, barils divers servant à contenir la poudre de chasse, les olives, les anchois, etc., etc.

Fig. 231, rouelle de cercles ou pile formée de plusieurs rouelles : c'est ainsi que se vendent les cercles dans les forêts; il doit y avoir six cercles en hauteur et quatre d'épaisseur.

Fig. 232, manière dont un câble doit être roulé pour qu'il ne se mêle point et tienne moins de place.

Fig. 233, manière de suspendre une pièce après le crochet des mouffles. Nous avons conservé le dessin de cette ancienne manière de faire les mouffles; maintenant on les fait à trois galets de cuivre, la monture en fer. On les trouve chez les quincailliers.

Fig. 234, sommier, cercle double; il est composé de deux cercles liés séparément, et ensuite liés ensemble avec de l'osier.

Fig. 235, seau ordinaire.

Fig. 236, seau à puits.

Les seaux sont faits avec des douëles provenant de tonneaux abattus. La monture, c'est-à dire les cercles et l'anse, ainsi que les oreillons qui le maintiennent, sont faits en fer. Le tonnelier-barilleur qui a une petite forge et une enclume, fait facilement lui-même ces ferrures, pour lesquelles il emploie de la bandelette ou *fer à seau*, de la tringle et des tôles, qu'il coupe en bandes et dont il fait des cercles au moyen de rivets. Pour placer ces rivets, il perce ses fers à froid avec un poinçon-repoussoir, et ce sont des clous courts qui font ses rivets. Nous ne croyons pas utile d'entrer dans plus de détails sur cette fabrication : celui qui sait faire un poinçon, parvient facilement à faire un seau ; mais ceux qui se livrent particulièrement à ce genre de fabrication, savent y mettre une grâce et une solidité que les ouvriers ordinaires n'atteignent qu'avec peine.

Fig. 237, tonnelier ajustant un cercle.

Fig. 238, tonnelier posant un fond.

Fig. 239, tonnelier enfonçant un cercle.

QUATRIÈME PARTIE.

MÉCANIQUES.

Note communiquée par un amateur (1).

« La surabondance du vin que nous promet l'état actuel de nos vignes en France fait craindre que les tonneaux manquent dans beaucoup de localités.

« Il est démontré aujourd'hui qu'il est avantageux sous tous les rapports de substituer, pour ne pas sortir du cellier du propriétaire, aux tonneaux ordinaires, à dimensions trop petites et à douves trop peu épaisses,

---

(1) Nous transcrivons cette note sans y rien changer et sans commentaire, afin que les tonneliers n'ignorent de rien de ce qui peut les intéresser. Nous devons cependant les prévenir que nous sommes loin d'adopter plusieurs des assertions contenues dans cet article, entr'autres celle relative au bois de refente.

non de ces foudres énormes, comme on en voit sur les bords du Rhin, mais des foudres d'environ un mètre et demi de diamètre sur trois de long, à douves de deux centimètres d'épaisseur, lesquels seront cerclés en fer et peints à l'huile ou goudronnés à l'extérieur.

« C'est d'après de fausses observations qu'est fondée l'opinion que le merrain doit nécessairement être fait de bois de refente. On fabrique en Espagne, en Italie, dans le midi de la France, et même en Bourgogne, des tonneaux en planches qui ne laissent point couler le vin et qui durent long-tems.

« Par ces considérations et par la nécessité de ménager le bois de chêne, qui devient chaque jour plus rare, les propriétaires des vignes doivent chercher les moyens les plus économiques et les plus sûrs de s'approvisionner de foudres de moyennes dimensions, et la note suivante peut les mettre sur la voie.

« La fabrique de tonneaux à l'aide de machines qui existe à Glascow, est un établissement très-remarquable. Le propriétaire tire le bois de bouleau des montagnes de l'Ecosse, et le chêne de l'Amérique septentrionale. Tout le bois est coupé par l'action des scies circulaires qu'une machine à vapeur met en mouvement. Le bois reçoit d'abord d'une première coupe la longueur que les douves doivent avoir : l'ouvrier pose la pièce de bois sur deux barres de fer, il la presse contre une seconde scie qui coupe le bloc dans sa longueur en autant de tranches qu'il y a de douves dans son épaisseur : cet effet est produit par la position d'un support qui se place plus près ou plus loin de la scie dont on approche le bloc. Dans l'intervalle d'une minute on scie de douze à quatorze douves de deux pieds et demi jusqu'à cinq pieds de long : les côtés de ces douves sont travaillés aussi par des scies : ainsi préparées, on les porte à la machine où on les courbe. Chaque dimension de tonneau a la sienne. Une table porte une double barre de fer, courbée en arc, de la même courbure que doit avoir la douve. Sur cette table roule un petit appareil analogue au chariot des moulins à scies, et sur lequel on pose la douve, une manivelle la conduit vers la scie, une seconde la comprime ; la scie est étroite, et la douve, poussée dans la direction d'un arc de cercle, reçoit la courbure convenable, et par l'action de la scie, cette même douve est dirigée de manière à recevoir sa seconde forme au moyen de la dépendance qui existe entre les deux barres et la lame tranchante.

Les douves de bouleau sont alors mises en faisceaux, et elles entrent ainsi dans le commerce ; avec celles de chêne, on fabrique des tonneaux sur place. A cet effet, on commence par coller ensemble les pièces destinées à former le fond, et on porte ensuite l'assemblage à la machine à couper, qui le saisit et le tourne rapidement dans un cercle dont la machine fait le centre; un fer tranchant qui répond au bord le coupe circulairement : deux autres fers placés obliquement rabattent le biseau. L'ouvrier peut approcher ou éloigner ces fers l'un de l'autre à volonté, et le fond du tonneau est ainsi fabriqué en très-peu d'instans. On perce ces fonds pour les réunir embrochés à une même cheville de bois. Comme ces tonneaux sont destinés au rhum, les douves sont préparées dans une étuve qui en chasse le tannin. Quand les douves sont assemblées, on met le tonneau dans un cylindre de fer de même forme et grandeur. Le tonneau repose sur une croix mobile sur un axe. Le cylindre étant placé verticalement, les douves dépassent un peu son bord supérieur, et on fait descendre sur ce bord un appareil composé de trois fers dont l'un fait l'entaille dans laquelle se logera le fond, le second coupe le rebord supérieur et le troisième l'égalise. Après ces opérations, on met en place des cercles de fer ou de bois, et le tonneau est achevé.

« Ces tonneaux forment un objet considérable d'exportation pour les îles de l'Amérique.

« Les scies circulaires et les cercles sont fabriqués dans le même établissement avec des bandes d'acier de Shesfield qu'on coupe et qu'on lime : les cercles sont en bois et courbés sans feu.

« La sciure et les copeaux du bois sont distillés dans une grande cornue, et ils donnent de l'acide pyroligneux et du goudron. On profite aussi du résidu charbonné. »

Un an plus tard, on trouve dans le même ouvrage une note explicative qu'il convient également de mettre sous les yeux du lecteur.

« ..... Il y a à Port-Dundas une manufacture de tonneaux où douze à quinze ouvriers fabriquent par jour plus de six cents barriques de toutes dimensions.

« Les bois sont amenés par un canal communiquant avec la mer, et par conséquent avec l'Écosse septentrionale. Le principal moteur est une machine à vapeur qui fait agir des scies circulaires S, fig. 240, faites avec de la tôle d'acier, et tournant rapidement dans une espèce d'établi E, fendu pour leur donner le jeu nécessaire. Les planches ou pièces de bois P sont présentées par le bout et de champ à la scie circulaire, et poussées à bras sur l'établi qui est bien lisse. Leur épaisseur est déterminée et réglée par l'éloignement d'un ais de bois A fortement fixé à l'établi et à une distance de la scie égale à l'épaisseur qu'on veut donner à la planche, la pièce de bois glissant contre l'ais est mordue à cette épaisseur.

« Comme la scie tourne rapidement, les pièces de bois peuvent être coupées très-vite; un trait de scie de six à huit pieds de long n'exigeant pas plus d'une minute.

« Pour scier en travers, on a des établis d'une forme particulière qui ne portent point d'ais; on présente le bois en travers à la scie, et une minute suffit pour couper une pièce d'un pied de diamètre.

« Pour donner au merrain la forme courbée des douves, on le présente à une scie circulaire que l'on voit en élévation en S, fig. 241, et qui tourne entre deux bâtis ou établis E E, l'un grand, l'autre petit. Sur le plus grand de ces bâtis est pratiquée une rainure R R garnie d'une pièce de métal, afin qu'elle s'use moins et qu'elle glisse mieux.

« Cette rainure sert à diriger la course d'un châssis C C dont on peut suivre la forme par des lignes ponctuées, et qui est armé de deux goujons de fer *a a* entrant librement dans la rainure; il se meut aisément en glissant sur l'établi de R en R'.

« On fixe sur ce châssis la planche ou le merrain P P, et lorsqu'elle y est bien assujettie, on avance le châssis de manière que la planche se présente aux dents de la scie tournante S. En achevant de pousser l'équipage de R en R', il est évident que la scie décrira le trait de scie désigné par la ligne ponctuée *c d*, laquelle a la courbure exigée pour une douve de tonneau. On observera que la planche P est fixée sur le châssis avec une légere inclinaison proportionnée au chanfrein qu'on veut donner à la douve.

« Lorsque le trait de scie est donné sur un bord, on ramène le châssis et on retourne la douve pour la façonner sur l'autre bord. Les douves n'étant jamais bien épaisses, ce trait de scie est donné promptement ; ce qui permet de faire sur chaque établi plusieurs douves par minute. Comme la scie est d'un petit diamètre, elle passe, sans être gênée, dans une fente courbe. Son axe est armé en *a* d'une poulie qui reçoit le mouvement du moteur.

« Il y a des établis de différentes dimensions et des rainures de diverses courbures, suivant la grandeur et la forme des tonneaux qu'on veut fabriquer.

« Les scies tournantes en usage dans cette manufacture sont exposées à une prodigieuse fatigue, et ne servent jamais une demi-journée sans avoir besoin de réparation; aussi, y a-t-il un atelier uniquement destiné à réparer les lames de scies : on en coupe les dents au balancier, à la manière des emporte-pieces. La pièce de tôle d'acier qu'on taille ainsi est placée sur une plate-forme qui avance d'un cran chaque fois que le balancier tombe et emporte l'entre-deux des dents.

« Les fonds des tonneaux s'exécutent aussi par le même moteur; aprés que les planches qui les composent ont été assemblees on les assujettit sur une plate-forme tournante. On fait ensuite descendre à l'endroit marqué pour la circonférence une espèce de ciseau tranchant qui, à mesure que la plate forme tourne, enlève circulairement tout le bois superflu et rend le fond parfaitement rond.

Pendant que le mouvement de rotation continue, on présente à la circonférence du disque des espèces de rabots inclinés qui font, en dessus et en dessous, les talus des bords du disque : cette opération est aussi prompte que toutes les autres, et remplace une façon longue et toujours moins régulière lorsqu'elle est donnée par la main du tonnelier.

« La matière des tonneaux varie suivant les usages auxquels ils sont destinés. On en fait en bois blanc pour la pêche du hareng, qui a lieu dans le nord de l'Ecosse, ainsi que pour rapporter du sucre des îles. On en fabrique en chêne pour le rhum. Les tonneaux employés pour le sucre sont envoyés pleins de houille aux Antilles; ceux destinés au rhum sont expédiés pleins d'étoffes de coton, qui sont garanties ainsi de toute espèce d'humidité. Cela vaut mieux que le meilleur emballage: celui-ci a l'avantage d'être lui-même une marchandise qui augmente de prix par l'usage qu'on en fait.

« D'autres tonneaux s'expédient sans être montés en cercles. On fait des bottes de douves toutes préparées, qui, arrivées au lieu de leur destination, ont seulement besoin d'être cerclées; elles vont principalement aux possessions anglaises d'Amérique et aux Etats-Unis. »

Dans la même fabrique et par les mêmes procédés, on refend des planches excessivement minces pour faire des tamis et des feuillets de bois précieux pour la marqueterie, pour couvrir le dos des brosses, etc., avec les rognures de bois on fait l'acide pyroligneux, qui sert de mordant à la teinture,

Le même procédé de scies circulaires tournantes est employé, avec un grand succès, à Portsmouth, pour faire les poulies de la marine.

PROCÉDÉS DE FABRICATION

De Barils, Tonneaux, Tonnes et aux autres de même nature,

Par M. THOMAS (Léonor), à Caen et à Manneville-le-Raoul.

Emploi de la scie circulaire pour réduire des troncs d'arbres en planches, et manière d'égaliser ces planches de longueur.

Pour convertir en planches des bois en grume, l'auteur emploie des scies circulaires, et égalise en longueur les planches qu'il obtient de cette manière, en les présentant chacune séparément tenues à la main, ou bien placées sur un chariot, ayant soin d'appuyer un des bouts de la planche à rogner contre un arrêt placé à distance calculée pour la longueur de la douve; alors la main, ou le chariot, conduit la planche à la rencontre d'une scie qui coupe ce qu'elle a de trop en longueur.

Appareil pour cintrer la douve.

Pour donner à la douve la forme droite ou cintrée plus ou moins, suivant la figure que le vase doit avoir, on emploie un appareil que l'on voit en élévation latérale fig. 142, par le bout fig. 143, et en plan fig. 144 : cette machine, montée sur un établi *a*, se compose d'un chariot ou châssis *b*, glissant de droite à gauche et de gauche à droite. Sur ce châssis est adapté une autre pièce *c* qui se meut en sens inverse; la planche y est placée de manière à ce qu'un de ses côtés dépasse le bord du châssis; on règle le plus ou le moins de ce qui doit en dépasser, en avançant ou reculant la dernière pièce ci-dessus; et pour que la planche *d*, qui doit être transformée en douve, puisse être bien assujettie dans le châssis, on y a adapté deux soutiens courbes *e* liés ensemble par une traverse *f*: ces soutiens remplissent, d'un bout, l'office d'un valet de menuisier, et sont fixés, à l'autre extrémité, par une charnière *g*, qui permet aux extrémités des soutiens *e* de s'élever, lorsqu'on veut introduire dessous des planches ou douves, qui se trouvent tenues solidement par l'autre extrémité du soutien, auquel on a eu soin de donner en dessous ou la forme d'une râpe à bois ou tout autre forme qui ne permet pas à la douve de glisser. Par ce moyen, la planche *d* est susceptible d'être mue en avant, en arrière ou sur l'un et l'autre côté; et pour que le degré du mouvement en avant et en arrière dont on vient de parler puisse à la fois s'effectuer avec justesse et promptitude, on le dirige au moyen de deux crémaillères *i* fixées sur le châssis et engrenant avec deux pignons *h* montés sur un même axe, au milieu duquel est une poignée *k* qu'on tourne plus ou moins, suivant le besoin.

Le chariot ou châssis *b* porte à ses deux extrémités *l* une entaille destinée, par sa forme et son calibre, à recevoir une barre de fer *m*, retenue à la surface de l'établi, et sur laquelle glisse le châssis: cette barre est assujettie par des boulons *n* qui lui donnent plus ou moins de cintre, ou qui lui font prendre les diverses formes convenables au vase qu'on se propose de construire. Les choses ainsi disposées, on pousse, soit à la main, soit de tout autre manière, le châssis *b*, lequel glissant le long de la barre *m* apporte la planche à la rencontre d'une scie qui enlève le bois inutile.

La douve, après ce travail, n'est encore bien formée que sur un côté; mais en tournant la planche bout par bout, en la couchant encore du même côté et en la faisant glisser de nouveau le long de la même barre *m*, elle se trouve achevée parfaitement.

On pourrait, au lieu de la pièce précédemment décrite pour produire le mouvement d'avance et de recul, se servir de deux règles parallèles dont l'écartement se fixerait par un écrou; mais la pièce décrite, dont la construction est peut-être plus compliquée, admet moins de variations et plus de facilité dans l'opération.

Pour que la scie circulaire *o*, placée à l'extrémité de la planche, à l'effet d'en faire disparaître le bois inutile, puisse le couper perpendiculairement, ou plus ou moins en biais, suivant le besoin, la table de l'etabli *a* doit être à charnière d'un côté, et pouvoir s'élever et suivant le besoin se fixer de l'autre côté à volonté, comme on le voit en *p*, fig. 143, de manière que, dans la construction d'un vase dont on voudrait que les douves portassent l'une contre l'autre également en dehors et au dedans, l'établi puisse être élevé plus ou moins, selon le diamètre qu'on voudrait donner aux barils ou autres vases à construire.

Pour former la douve que l'on voit sous la lettre *q* dans la figure détachée à droite de la fig. 144, la barre ou guide *m*, fig. 144, qui dirige le chariot ou châssis *b* dans sa course, doit avoir la forme qu'on lui voit dans cette figure, et sa longueur doit être double de celle de la planche : ce guide est contenu à cinq endroits par les boulons *n* : on voit que le plus ou moins de courbure et la forme qu'on veut lui donner dépendent du jeu graduel de ces boulons.

Pour former la douve que l'on voit en particulier en *r*, à droite de la douve *q*, et qui décrit une courbe régulière, on doit donner au guide *m* une courbe du même genre, en vissant ou dévissant les boulons *n* qui le demandent; et pour former les douves d'un cône, il faut que le guide soit droit et forme avec la scie un angle analogue à la figure du vase à construire.

Appareil pour former le corps des tonneaux.

Les douves étant ainsi confectionnées, on les réunit par un cercle à chaque bout pour en former un manchon, que l'on place dans un cylindre que l'on voit sous la lettre *a* et en coupe verticale, fig. 4, fixé au bout d'un fort axe *d* destiné à produire verticalement le mouvement horizontal d'un tour en l'air : ce cylindre a un couvercle *b*, qui y est retenu à charnière, et qui est percé au centre d'un trou circulaire qui a pour diamètre celui des extrémités du baril en construction. Ce couvercle est encore percé de deux petits trous destinés à recevoir deux broches *c*, fixées sur le sommet du cylindre *a* : il est assez épais pour que le bord de l'ouverture centrale aille en rétrécissant par le haut, de manière que l'extrémité du baril puisse, en montant, entrer facilement dans cette ouverture conique et se comprimer graduellement à mesure qu'il s'y introduit. Ce couvercle une fois fermé doit être aussi immuable que s'il faisait corps avec le cylindre même.

A l'extrémité supérieure de l'axe *d*, fig. 145, et dans l'intérieur du cylindre *a*, est fixé verticalement un arbre, à vis *e*, qui supporte une plate-forme *f*, qu'on fait mouvoir du haut en bas, à l'aide de la manivelle *g* ; c'est par ce moyen que le manche monte et se trouve comprimé bien ferme dans l'ouverture du couvercle. Le cylindre *a* aura autant de couvercles de rechange qu'on voudra fabriquer de grandeurs différentes de barils, tonneaux, etc.

h h', Deux pilastres ou colonnes servant de supports à une traverse *k*, fig. 145, que l'on voit en plan, fig. 146 : cette traverse, qui passe au-dessus du cylindre *a*, est montée à charnière sur la tête d'un support *l*, qui se visse dans le bout de la colonne *h*; son autre extrémité est reçue dans une fourchette *m*, qui se loge dans la tête de la colonne *h'*.

Sur le côté de la traverse *k* est ajusté un petit mécanisme *n* portant manivelle et faisant l'office d'une varlope pour polir les extrémités des douves quand le travail est achevé. La traverse *k* est encore munie en dessous d'un chariot *o*, muni d'outils tellement construits, que ce chariot, dans son mouvement, unit parfaitement toutes les douves, les découpe en pied de biche, et forme la rainure destinée à recevoir le fond aussitôt qu'on a imprimé l'action au moteur, qui est un tour.

Ces outils se dirigent à l'aide des deux manivelles que l'on voit en *n* et en *p*, et des écrous dans lesquels sont reçus leurs axes, qui sont des vis de rappel.

En tournant la manivelle *g* qui est dans le tonneau, en sens inverse de celui où on l'a déjà fait tourner, le manchon se dégage du couvercle et descend ; on change ce manchon bout par bout, et on achève le travail en répétant les opérations que l'on vient de décrire.

Manière de former les fonds.

Pour former les fonds, on commence par prendre deux, trois, ou plus, de bouts de planches, suivant la grandeur du fond dont on a besoin, et pour les joindre, après qu'ils ont passé par la scie, on les présente successivement en les faisant glisser sur une tablette, que l'on voit par le bout et en plan sous la lettre *q*, fig. 147 et 148, à la rencontre de deux, de trois, ou d'un plus grand nombre de mèches, que l'on fait tourner de la même manière qu'on imprime l'action à un tour; une seule de ces mèches se voit en *r*, fig. 147 et 148; on place dans chaque trou pratiqué par ces mèches une cheville fabriquée avec rapidité et régularité, et, à l'aide d'une forte pression, les planches se trouvent parfaitement unies ensemble. On pose ces planches ainsi réunies sur une plate-forme circulaire, que l'on voit en élévation et en plan sous la lettre *a*, fig. 149 et 150, et qui est garnie de quelques petites pointes.

Cette plate-forme est fixée horizontalement à l'extrémité d'un arbre *b*, tournant verticalement dans un collet comme l'arbre *d* de la fig. 145.

Les planches sont assujetties sur des plates-formes *a* par un plateau *c*, fig. 149 et 153, qui vient appuyer dessus au moyen d'une forte vis *d*, ressemblant à la vis d'un balancier ou d'un découpoir; le plateau *c* est mobile à son centre, de manière que les planches peuvent suivre le mouvement de la plate-forme, malgré l'énergique pression exercée par la vis *d*.

Les choses étant dans cette situation, on dispose des outils *e f g* coupans et de forme convenable, pour enlever de ce corps de planches tout le bois inutile, et par ce moyen on a un fond parfaitement rond, qui, découpé au-dessus et au-dessous, et poli, tel qu'il doit l'être, sera toujours de l'exacte grandeur qu'on aura voulu lui donner, parce que l'outil est tellement construit et fixé, qu'aussitôt qu'il a atteint la distance requise, il ne mord plus; alors on lâche l'écrou, on présente le polissoire *f*, et on n'a plus qu'à placer le fond à la manière ordinaire dans la rainure déjà toute disposée du manchon précédemment décrit.

Manière de polir et de donner la dernière main aux tonneaux.

Lorsque les deux fonds sont fixés par un cercle à chaque extrémité du baril et qu'on veut le polir parfaitement à l'extérieur, on le place sur un fort tour à pointe, que les fig. 151 et 152 montrent sur deux faces; le tonneau est pris d'un bout dans un mandrin *a*, fixé sur un axe qui porte une poulie double *b*, destiné à recevoir et à communiquer le mouvement. L'autre extrémité du tonneau est tenue par la pression d'une planche que l'on voit sous la lettre *b'* sur trois faces, à droite de la fig. 152. La longueur de cette planche est calculée sur le diamètre du fond auquel elle s'applique; au milieu de la longueur est fixée une crapaudine en acier *c*, disposée pour recevoir une pointe.

A l'établi *d* de ce tour, est retenue une traverse *e*, sur laquelle on assujettit une pièce qui est mobile de droite à gauche, et qui est susceptible de s'allonger en raison de plus ou moins de diamètre du tonneau auquel on veut donner une espèce de fini; au milieu de cette presse se trouve fixé l'outil *f*, qui, par un mouvement à la main ou par machine, polira la surperficie du tonneau.

On courbe les cercles en bois d'une manière plus correcte et plus expéditive, au moyen d'un tambour, ou d'une roue, où est adapté un instrument simple, qui saisit une des extrémites du cercle, et pratique une cavité qui admet la ligature des deux extrémités; et pour imprimer le mouvement à toutes ces différentes machines, on fait usage de tous les moteurs et moyens connus, suivant que les localités le permettent.

CINQUIEME PARTIE.

BOISSELLERIE.

L'art du boisselier est très-simple, surtout lorsqu'il se renferme dans la construction des boisseaux et autres mesures de capacité. Cependant il exige encore beaucoup de savoir faire pour mettre la précision qui doit régner dans tout le travail. La loi a déterminé des mesures dont il n'est point permis de s'écarter, et elle n'accorde à l'erreur qu'une très-petite tolérance. Le boisselier doit donc se renfermer dans ces étroites limites, à peine de voir ses produits rejetés lorsqu'il va les faire poinçonner; et comme il est expressément défendu d'employer aucune mesure qui ne soit point revêtue de ce sceau authentique, les mesures non acceptées à la vérification sont des mesures perdues. Il ne suffit pas qu'une mesure ait la contenance absolument de rigueur, il faut encore qu'elle ait la forme prescrite. La loi l'a sagement ainsi voulu, afin que la vérification des inspecteurs soit plus facile, et aussi afin que le public ne put être induit en erreur. S'il était loisible à chacun d'avoir des mesures conformées suivant son caprice, il y aurait inconvénient, encore bien que cette mesure fût juste sous le rapport de la contenance. Supposons qu'un litre fut fait carré, comme nous l'avons indiqué dans la première partie de cet ouvrage, il aurait un décimètre sur chaque face ; mais à l'œil, un cube de cette dimension paraîtrait à l'acheteur devoir moins contenir qu'un litre fait en cylindre suivant le règlement ministériel, et alors il pourrait y avoir discussion entre l'acheteur et le vendeur. Tandis que, toutes les mesures de capacité étant faites sur le même modèle, l'œil s'accoutume à l'appréciation de la contenance, et il ne peut y avoir lieu à contestation. La fraude est bien ingénieuse, et le fabricant honnête doit lui-même aider l'administration dans les moyens de la prévenir. On a vu des marchands dont les mesures étaient poinçonnées, vérifiées et exactes, et qui cependant vendaient à fausse mesure sans qu'il y ait substitution. Le fond du boisseau ou du litre n'étant point jablé, pouvait monter plus ou moins étant poussé par-dessous. Lorsque le marchand pouvait avoir à craindre l'inspecteur, il faisait retomber, en appuyant dessus, le fond sur la *vergette* serche de support qui double en dedans la mesure. Le fabricant doit faire ensorte que ce fond ne puisse être changé, et pour cet effet il le doit fixer invariablement au moyen d'une espèce de jable, comme aussi il doit coudre solidement ; car on a vu également des marchands frauder le public en serrant fortement dans la main leur mesure; au moment du mesurage elle devenait alors plus étroite par le haut, et c'était autant de soustrait; l'élasticité du bois lui faisait ensuite reprendre sa forme cylindrique lorsqu'il cessait de presser, et la fraude devenait fort difficile à reconnaître. C'est à l'inspecteur à vérifier si les rivures du haut ne sont pas enlevées, ou si on ne leur a pas donné à mauvaise intention un jeu qu'elles ne doivent point avoir. Mais, dès le principe, si les rivures sont bien faites et posées près des bouts de la serche, il devient impossible de leur donner du jeu sans que cela soit visible.

Les boisseliers ne font pas que des mesures, leur état serait trop borné, ils font aussi toutes sortes de cribles, de tamis, de passoires. Ils vendent les vases et ustensiles de ménage, en bois, qui se font en forêt, ils vendent des sabots, ils font les soufflets de ménage. Nous entrerons dans quelques détails sur ces objets accessoires, et nous leur ferons connaître ce qu'il leur importe le plus de savoir.

Commençons, avant de leur faire connaître qu'elles doivent être les dimensions des nouvelles mesures, à leur faire connaître ce qu'elles étaient sous l'ancienne législation; cette connaissance leur deviendrait nécessaire dans les cas où ils seraient contraints d'avoir à faire encore, pour des besoins particuliers, de ces anciennes mesures.

CHAPITRE PREMIER.

Noms et capacités des anciennes mesures.

Le MINOT, qui était subdivisé en *boisseaux*, *demi-boisseaux*, *quarts* et *litrons*.

Le minot devait avoir suivant les ordonnances onze pouces neuf lignes de hauteur (0^{m}, 318) sur un pied deux pouces huit lignes (0^{m}, 397) de diamètre.

Le *minot* contenait trois boisseaux, le *boisseau* deux demi-boisseaux ou *quatre quarts de boisseau* ou seize litrons.

Le litron se divisait en deux demi-litrons, en sorte que le boisseau était composé de trente-deux demi-litrons, ou de seize litrons, ou de huit demi quarts, ou de quatre quarts, ou enfin de deux demi-boisseaux.

Le SEPTIER de grains était composé de quatre minots.

Le MUID répondait à douze septiers ou quarante-huit minots.

Suivant sentence de l'Hôtel-de-ville de Paris du 29 décembre 1670, le *boisseau* devait avoir huit pouces deux lignes de hauteur, (0^{m},221) et dix pouces (0^{m},271) de diamètre.

Le *demi-boisseau* devait avoir six pouces cinq lignes de hauteur (0^{m}, 173) sur huit pouces (0^{m}, 217) de diamètre

Le *quart de boisseau* quatre pouces neuf lignes (0^{m}, 128) de hauteur, et six pouces neuf lignes (0^{m}, 183) de largeur.

Le *demi-quart* devait avoir quatre pouces trois lignes (0^{m}, 115) de hauteur et cinq pouces (0^{m}, 135) de diamètre.

Le *litron* devait avoir trois pouces et demi (0^m, 095) de hauteur sur trois pouces dix lignes (0^m, 104) de diamètre.

Le *demi-litron* devait avoir deux pouces dix lignes (0^m, 077) de hauteur sur trois pouces une ligne (0^m, 084) de diamètre.

Par un règlement de Henri VII, le boisseau, en Angleterre, contient huit gallons de froment, le gallon huit livres de froment de douze onces à la livre, l'once vingt sterlings, le sterling trente-deux grains de froment choisis dans ceux qui croissent au milieu de l'épi.

Outils.

Les outils du boisselier sont peu nombreux, les plus importans sont ceux tels que la selle à tailler, le jabloir ; les planes, qui diffèrent trop peu des outils semblables employés par le tonnelier pour que nous en faisions une description particulière. Ceux qui sont propres particulièrement à cette profession, sont.

Fig. 255, Le tas, ou l'enclumette.
—— 256. La plane ronde.
—— 257. La plane couture.
—— 258. La serpe.
—— 259. Le coûtre.
—— 260. Le tenon.
—— 261. Le poinçon.
—— 262. Le chassoir.
—— 263. L'aiguille à tamis.
—— 264. La jarbière.
—— 265. Le marteau.
—— 266. Le maillet en bois
—— 267. Ciseau à couper le clou à tranchet. A, le ciseau B, bande de tôle. C, clou à tranchet.
—— 268. Repoussoir.

——— 269 Rivoir.
——— 270. Bigorne avec son billot.
——— 271. Barre à tamis.
——— 272. Règle.
——— 273 Cisailles pour couper les bandes de tôle.
——— 274. Bâtissoir pour le seau ferré.
——— 275. A, pince plate. B, pince ronde.
——— 276. Cisailles fortes.

Produits.

Les boisseliers achètent communément les corps de boisseaux tout faits et tout arrondis qu'ils tirent des départemens de l'ancienne Champagne.

Le corps du boisseau est de bois de chêne, ou de hêtre, ou de noyer. On refend ces bois à la scie comme des planches de volige; quand ces bois ont été ensuite bien amincis au rabot, on les fait bouillir dans l'eau, et lorsqu'ils sont encore tout chauds, ont les plie avec une machine faite exprès dont nous donnerons plus bas la description, par ce moyen, les bois se courbent sans se casser.

Lorsqu'il veut faire un boisseau, le boisselier prend un corps ainsi préparé, il commence par en unir les bords avec la plane, cette opération étant finie, il cloue ensemble les deux bouts en dedans et en dehors.

Lorsque le corps est cloue, il le diminue tout autour à l'endroit où doit être placé le fond. Cette opération peut se faire avec le jabloir, après quoi il trace avec un compas sur une planche la rondeur du boisseau, ensuite il abat les quatre angles de la planche et arrondit le fond avec la plane.

Le fond étant arrondi, il le fait entrer à force dans l'endroit qui lui est destiné et il cloue un cercle de chêne en-dedans du corps du boisseau et en-dessous du fond, ce qui se fait pour assujettir ce fond et le rendre inébranlable.

Le boisseau étant dans cet état, on coupe avec les cisailles des bandes de tôle que l'on cloue en croix au fond du boisseau et on met un cercle de fer dans la partie supérieure et un autre dans le bas, enfin on place entre les deux cercles, tout autour du corps, des bandes de tôle en zig-zag et le boisseau est alors achevé solidement.

Maintenant le boisseau porte encore ce nom; mais sa contenance est différente de ce qu'elle était autrefois, nous donnerons plus bas les mesures exactes que doivent avoir les vases de boissellerie.

Les *caisses de tambour* sont faites par le boisselier, nous ne parlons pas de celles en cuivre laminé, mais de celles qui sont faites en chêne ou en noyer. La règle est que la hauteur de la caisse égale son diamètre.

Les peaux de mouton et autres dont on recouvre les tambours, se bandent par le moyen de cerceaux auxquels sont attachées des cordes en zig-zag qui vont de l'un à l'autre cercle. Ces cordes sont serrées par le moyen d'autres petites cordes, courroies ou nœuds qui embrassent deux cordes à la fois, on nomme ces nœuds *tirans*.

Assez ordinairement on les fait avec les rognures de la peau qui recouvre la caisse.

La peau de dessous est traversée par une corde à boyau mise en double qu'on nomme le *timbre*, les cercles qui retiennent les peaux et qui servent à les étendre se nomment *vergettes*.

Lorsqu'on veut que les tambours forment une espèce d'accord entr'eux, et que quatre tambours donnent à peu près *ut*, *mi*, *sol*, *ut*. Il faut que la hauteur des caisses soit modifiée dans la proportion des nombres 4, 5, 6, 8. La tension de la peau contribue aussi à obtenir cet effet.

Le *tambourin de Provence* diffère du tambour ordinaire en ce que la caisse est beaucoup plus longue que large.

Le tambour de basque est couvert d'une seule peau, la caisse n'a que quelques doigts de hauteur et est garnie tout au tour de grelots et de disques sonores, on le tient d'une main et on le frappe avec les doigts de l'autre.

Le boisselier fabrique particulièrement une sorte de seaux dite *seille*, composés d'une serche de hêtre ou de chêne, haute de trois décimètres environ qui fait le corps du seau, on y met un fond en hêtre ou en chêne, comme nous l'avons dit pour le boisseau : on fortifie ce seau par des bordures en bois ou en tôle et on y met une anse en bois flexible. La *fig.* 277 représente une seille. L'anse se cloue de plusieurs manières, tantôt en-dehors comme il est indiqué dans la figure, tantôt en-dedans. C'est une bonne pratique de clouer l'anse entre les deux coutures du corps du seau, par ce moyen la réunion de la serche est consolidée par trois rangées de rivures. On met quelquefois aux seilles des anses en fer, ces anses sont maintenues par des attaches fixées après le corps du seau et faisant brisure avec l'anse.

Les corps de seaux et les bordures se vendent à la botte, le prix en est variable suivant les tems et les lieux.

Le *tambour* ou *séchoir* se fait maintenant plutôt en osier qu'en boissellerie : cependant on en fait aussi de cette dernière manière. La forme diffère peu de celle de la caisse de tambour, mais elle a de douze à quinze décimètres de hauteur sur environ cinq décimètres de diamètre. On fait un couvercle qui s'adapte dessus; au milieu est tendu un réseau à claire-voie sur lequel on met le linge; au-dessous on met un réchaud plein de charbon allumé pour le sécher.

Les boisseliers font aussi les tamis qui consistent en une serche plus ou moins élevée, à laquelle on attache une toile de crin, de soie, d'étamine ou une toile métallique; ils servent à passer les liquides ou les matières pulvérulentes. La toile employée à cet usage se nomme *solamire.*

Le crible ressemble à un grand tamis, la *solamire* est une peau forte et adoucie, percée de trous assortis à la grosseur des grains qu'on veut cribler.

La partie inférieure du crible ou du tamis se nomme *batterie.*

On doit à un des auteurs de la collection Roret une série d'expériences sur la fabrication des mesures de capacité : nous allons les reproduire textuellement, parce qu'elles doivent intéresser à un haut degré les boisseliers.

« Les mesures de capacité, dit-il, doivent être absolument cylindriques aux termes de l'instruction ministérielle qui règle la matière, et celles qu'on fait ne le sont pas : elles sont construites de telle sorte que les deux extrémités du bois qui en forme le contour se recouvrent l'une et l'autre, de manière qu'elles forment une espèce de volute dont la partie intérieure rentre de trois millimètres. On sent déjà que la forme de la mesure est altérée et qu'on ne peut s'assurer de leur exactitude que par le mesurage à la graine, et c'est précisément ce que ne veut pas l'instruction, car elle n'admet ce moyen que comme le complément de la vérification. L'uniformité est une des conditions absolument nécessaires. En effet, si l'on eut laissé aux fabricans la liberté d'adopter telle forme qu'ils auraient voulu, la différence dans la forme aurait pu faire soupçonner une différence dans la capacité Les formes sont déterminées; elles doivent être cylindriques, et il est absolument impossible que les mesures le soient, d'après la construction qu'on a adopté.

Plus les mesures sont petites et plus elles doivent être exactes; car de petites erreurs répétées en causeraient bientôt de grandes, et n'y aurait-il en plus ou en moins que la petite retraite que j'ai fait observer, elle suffirait pour causer des irrégularités qui devraient les faire rejeter On pourrait, me dira-t-on, remédier à cet inconvénient en parant la partie supérieure du cercle, c'est-à-dire en la coupant en talus; mais je ferai observer que ce moyen ne peut être un palliatif qu'aux yeux de ceux qui ne connaissent pas la mécanique par pratique et qui ne se sont occupés que de la théorie de cette science. Lorsqu'on veut faire un cercle en bois, on ne peut jamais le faire exact lorsqu'on ajuste les deux bouts l'un sur l'autre; le bois ayant nécessairement plus ou moins d'épaisseur en ce point, oppose une plus ou moins grande résistance. Lorsqu'on tâche de les amincir l'un et l'autre, de maniere que l'épaisseur des deux réunis, égale l'épaisseur du bois dans le reste du contour, on ne réussit pas mieux, quelque soin qu'on y prenne, et la circonférence est toujours plus ou moins convexe, plus ou moins aplatie de ce côté, suivant les circonstances. J'ai fait une quantité d'essais, mais toujours infructueux. J'ai tenté dans mes dernières expériences, de contenir pendant long-tems une lame de bois sur un cylindre au moyen de deux cercles de fer à charnières et fermés par une vis de pression, tels que la *fig.* 284 les représente; tant que le bois resta comprimé il conserva exactement la forme circulaire, mais aussitôt que j'eus enlevé les cercles de er et que je l'eus séparé du moule, il prit à la jointure une forme convexe d'une manière sensible. Je fis plus, j'amincis les deux parties de bois qui se recouvraient, jusqu'à ce qu'elles n'eussent à elles deux que l'épaisseur du bois dans le reste du cercle : les résultats furent les mêmes, quoique cependant, d'une manière un peu moins sensible. Il est bon d'observer que, dans toutes ces expériences, j'avais fait tremper suffisamment le bois dans l'eau chaude. On ne peut parvenir à donner au cercle une forme exactement circulaire qu'en ajustant les deux bouts par approche, encore est-il nécessaire d'apporter dans l'exécution le soin de laisser le bois plus épais dans le milieu de sa longueur que vers les bouts, et puisque la loi veut que les formes soient cylindriques, il faut absolument que la surface convexe des mesures soit circulaire.

Ce que je dis des mesures de capacité pour les grains et les matières sèches, je le dirai de même pour les mesures de liquides qu'on fera en fer-blanc; car, pour celles qu'on fondra en étain il est possible de les faire justes, en donnant au moule un diamètre un peu plus grand qu'il ne faut, et cet excès doit être précisément égal à la quantité dont les métaux se condensent par le refroidissement. S'il est plus aisé de faire prendre la forme circulaire aux substances métalliques après qu'elles sont soudées, il n'est pas moins vrai de dire que, si l on soude les deux bouts l'un sur l'autre, il en résultera le même inconvénient que j'ai fait observer plus haut, et que rigoureusement parlant, la forme ne sera pas cylindrique. J'entends déjà dire que je m'attache à bien peu de chose; mais je répondrai que dans les grandes mesures qu'on ne répète pas souvent, l'erreur pourra être négligée; mais que dans les petites qu'on répète à tout instant, les erreurs s'accumulant deviendront enfin très-considérables. Le pauvre est celui qui se sert de ces petites mesures, c'est sa cause que je plaide. J'ajouterai que l'on ne saurait exiger trop d'exactitude de la part du fabricant, il saura bien donner assez de latitude aux défectuosités tolérables. Du reste, s'il n'était pas possible de faire disparaître ces défauts sans de grandes difficultés, il faudrait bien s'en contenter; mais lorsqu'on peut facilement les annuler, pourquoi vouloir les conserver? l'on soudera donc les mesures en fer-blanc par approche au moyen d'une plaque que l'on mettra par dehors et qui sera recouverte par l'anse.

Voici les moyens d'exactitude que je propose : ils sont les mêmes pour toutes les mesures de capacité, je vais prendre un exemple dans la construction d'un litre pour les matières sèches, il sera facile d'en faire l'application aux mesures de capacité pour les liquides.

Je prends une planche de bois mince bien travaillée, de trois millimètres d'épaisseur, cent vingt-huit millimètres quatre dixièmes de largeur, et trois cent quarante millimètres sept dixièmes de longueur, dimensions conformes à l'instruction. (La planche, cependant devra avoir un peu plus de longueur afin qu'il soit possible de la travailler facilement.) Je lui donne quatre millimètres d'épaisseur dans le milieu de la longueur, et je fais diminuer cette épaisseur insensiblement jusqu'à trois millimètres à ses deux bouts. Pendant que le bois est à plat, je fais le jable avec un rabot fait exprès, ce qui est plus commode et plus expéditif que lorsque le bois est plié en rond; je fais ce jable à la hauteur de dix-sept millimètres, et je prépare le fond qui doit avoir trois millimètres d'épaisseur.

Explication des figures 278, 279, 281.

Tout étant disposé et la petite planche ayant trempé assez long tems dans l'eau chaude pour pouvoir être pliée, je la fixe par un de ses bouts sur le rouleau A de mon laminoir, *fig.* 278, et je tourne tout doucement la manivelle pour que le bois soit forcé par l'autre rouleau B, de se coller parfaitement sur le premier rouleau; parvenu à l'autre extrémité, je fixe les deux bouts l'un sur l'autre, je retire de dessus le rouleau, le cercle et la plaque de fer O sur lequel il est fixé. Je le détache de la plaque de fer et le retiens dans la même situation par une pince en bois A D E *fig.* 279 : je serre le coulant B et je lui conserve la forme circulaire au moyen de deux faux fonds, *fig.* 281, qui ont exactement le diamètre prescrit. Je laisse sécher mon bois dans cette situation : je remets ma pièce de fer O *fig.* 278 sur le rouleau A, pour recommencer la même opération sur une autre mesure.

Je pense qu'il n'est pas nécessaire de faire observer qu'il faut autant de cylindres que l'on a de mesures différentes à construire.

Revenons à notre litre. Lorsqu'il est suffisamment sec, je le présente sur le mandrin qui est un cylindre de bois dur de cent-huit millimètres quatre dixièmes de hauteur et de diamètre, *fig.* 282, mesure fixée par l'instruction, ce mandrin porte une retraite ou embase au-dessous, dont le diamètre a quatre centimètres de plus et un décimètre au moins de hauteur en sus de la mesure indiquée, afin qu'on puisse le manier plus commodément; je le présente, dis-je, sur ce mandrin et je l'ajuste sur le cylindre par approche jusqu'à ce que les deux bouts se touchent parfaitement; je fixe alors invariablement le bois sur le cylindre de manière à ce qu'un de ses bords repose sur l'embase au moyen de deux, trois ou quatre cercles de fer à charnière, arrêtés et fermés chacun par une vis qui réunit les deux bouts du cercle A B C *fig.* 284. Je fais observer que j'ai eu soin avant de serrer mes cercles de fer, de faire entrer dans le jable le fond préparé et qui doit reposer sur la base supérieure du cylindre; alors tout étant ainsi disposé, j'ajuste sur la fente un morceau de bois mince *fig.* 285, plié selon la forme du cylindre, et je le fixe par des pointes sur la surface convexe de la mesure pour empêcher les deux bouts de se séparer. Je n'ai pas besoin pour cette opération de déranger mes cercles de fer, ils me laissent assez d'espace entre et sous les vis pour passer cette languette. Les pointes qui me servent à assujettir la languette entreraient naturellement dans le mandrin, et m'empêcheraient de retirer la mesure; mais il est bon d'observer que j'ai eu soin de pratiquer deux rainures au mandrin parallèlement à l'axe et dans lesquelles les pointes iront se loger. Par cette construction, je puis facilement enlever la mesure et river les pointes; mais avant d'en venir là, j'ajuste aux deux extrémités de la mesure les cercles en bois qui doivent augmenter sa solidité. J'enlève la mesure de dessus le mandrin et elle est faite avec la plus grande exactitude, sans qu'il soit besoin d'y retoucher. Il serait difficile, pour ne pas dire impossible, d'obtenir autant d'exactitude sans mandrin; il ne reste qu'à l'armer en fer, si elle en est susceptible, et pour cela, il faut suivre de point en point l'instruction du ministre de l'intérieur.

Mes outils se bornent donc à un mandrin très-exact et des cercles de fer à charnière pour chaque espèce de mesure; il en serait de même pour les mesures de capacité pour les liquides.

L'on conçoit sans peine avec quelle facilité, avec quelle diligence j'exécute mes mesures. La brièveté du tems employé dans les grandes fabrications est la chose à laquelle on doit faire le plus d'attention, et c'est celle que les ouvriers envisagent le moins. Mes calibres une fois tracés exactement, je n'ai plus besoin de prendre aucune dimension, je coupe mon bois machinalement, je le plie, je l'arrête, et je suis sûr d'avoir réussi, tandis que l'ouvrier qui voudra exécuter sans mandrin et sans calibre, sera sujet à se tromper et perdra un tems considérable à mesurer à tout instant : cependant il faut payer ce tems et il est cher. J'ose avancer encore sans crainte d'être démenti, qu'un ouvrier intelligent peut couper et préparer tout à la fois plusieurs enveloppes cylindriques, et assurément tous ces moyens présentent beaucoup d'économie.

Construction de l'hectolitre.

La construction de l'hectolitre me fournit quelques réflexions particulières. Il est garni en-dedans de huit lames de fer dont la largeur est de cinquante millimètres en haut et quarante en bas, elles s'étendent encore sur le fond en se rétrécissant toujours dans le même rapport; leur épaisseur est d'environ deux millimètres, leurs extrémités sont retenues sur le fond par une plaque de tôle ronde de vingt-deux centimètres de diamètre. Le bord de la mesure est garni en-dedans d'un cercle de fer de même épaisseur que les bandes et de cinquante-cinq millimètres de large; ce cercle passe sur les bandes et a, par conséquent, double épaisseur dans ces points. Outre ces pièces, on trouve encore dans l'intérieur de la mesure six têtes de boulons à vis pour soutenir les pieds dont le diamètre est de vingt-cinq millimètres et l'épaisseur réduite à environ trois millimètres. Il n'est pas difficile de concevoir que toutes ces pièces tendent à rétrécir la capacité de la mesure, et dès lors on n'a plus de moyen d'en vérifier la mesure que par la graine, ce qui paraît contrarier les opérations du vérificateur prescrites par l'instruction.

Il me paraît qu'il eût été assez facile de remédier à cet inconvénient si l'on eût ordonné que ces grandes mesures fussent faites avec des douves et cerclées en fer, de manière que l'intérieur fut parfaitement cylindrique, et que l'extérieur eut la forme d'un cône tronqué : il aurait été facile alors de leur donner une plus grande solidité sans employer en-dedans des armures qui en altèrent la forme. On a peut-être rejeté cette construction dans la crainte que les douves ne se jetassent en-dedans ou en-dehors et ne rendissent la mesure défectueuse; mais cet effet ne se produit que dans les vases destinés à renfermer des liquides, et il est dû aux alternatives d'humidité et de sécheresse : s'ils sont employés uniquement à contenir des matières sèches, cet effet n'aura pas lieu. Il est facile aussi de réunir toutes les douves de manière qu'elles ne fassent qu'un seul corps en les unissant par des languettes de rapport et en finissant de leur donner en-dedans la forme cylindrique par une espèce d'alésoir en bois, armé de lames de fer à ressort placées parallèlement à l'axe et opérant sur la mesure renversée afin que les copeaux s'échappent à mesure qu'ils se forment et ne nuisent pas à la perfection de l'hectolitre.

Cette machine est trop aisée à imaginer pour que je m'attache à la décrire. La forme des douves telles que je les propose ayant plus dépaisseur dans le bas que dans le haut, concourra à lui donner toute la solidité nécessaire. On pourra ferrer le fond en-dehors pour augmenter la solidité, ces mesures coûteraient beaucoup moins et il est avantageux de tendre à l'économie.

Explication détaillée des figures 278, 279, 280, 281, 282, 283, 284, 285.

Fig. 278, elle représente une espèce de laminoir pour plier le bois uniformément : ce laminoir est vu de face, A, cylindre de rechange. Il doit avoir exactement le diamètre exigé pour chaque mesure; l'on sent assez qu'il faut en avoir autant qu'il y a d'espèces de mesures. Quoique, dans le mémoire, on ait pris pour exemple la construction d'un litre, la planche indique la construction d'un hectolitre, le diamètre du cylindre A est donc censé de 503 millimètres et un dixième, il pourra servir d'échelle pour toute la planche.

B est le second cylindre du laminoir qui ne change jamais, D C E F G H est le bâtis solide sur lequel sont portés les deux cylindres du laminoir; mais il faut observer que chacun des rouleaux est monté sur un châssis séparé E G D C formant un seul bâtis pour porter le cylindre A. F G est le second bâtis pour porter le cylindre B : il entre à coulisse dans le socle D C ; on en voit une partie M par l'ouverture de la mortaise N, pour pouvoir éloigner ou approcher le cylindre B du cylindre A selon que ce dernier est plus gros ou plus petit. On empêche le cylindre B de reculer au moyen d'un coin que l'on place dans la mortaise N. On en fait de même dans la face postérieure que l'on ne voit pas dans la figure.

Les pivots des cylindres sont retenus par des plaques de fer L K au haut des jumelles E F de la même manière que sont retenus les arbres des tours en l'air.

J, manivelle fixée à l'extrémité de l'axe du cylindre A. J'ai laissé ce cylindre fixé, c'est-à-dire, monté sur un bâtis inébranlable à cause de la grande solidité qui en résulte ; j'ai préféré faire mouvoir selon le besoin le cylindre B sur son bâtis. Chaque cylindre de rechange peut être monté si on veut sur le même axe ; cependant la pièce est plus solide et l'ouvrage plus régulier lorsque chaque cylindre porte son axe invariablement fixé avec lui.

O, pièce de fer en queue d'aronde qui traverse la longueur ; elle porte quelques pointes dans sa longueur pour retenir l'extrémité de la planche qui doit servir à faire la mesure : ces pointes sont inclinées pour faire l'effet d'une griffe. On voit la planche P Q R qui est comprimée entre les deux cylindres pour qu'elle s'applique continuellement sur le cylindre A.

Lorsqu'après avoir tourné la manivelle J, le bout R de la planche est venu recouvrir de quelques centimètres la partie P jusqu'au-delà de S, par exemple, on fixe les deux bouts de la planche par trois ou quatre pointes que l'on plante vis-à-vis S, et dont les bouts sortent dans la petite rainure S pratiquée sur le cylindre parallèlement à son axe, afin que ces petits clous n'entrent point dans le cylindre. Cela fait, on démonte le cylindre A de dessus ses supports, on fait sortir la pièce de fer O qui entraîne la mesure que j'appelle *tambour*, lorsqu'elle n'a pas encore de fond; l'on détache du tambour la pièce de fer O.

Je n'ai pas fait paraître dans le socle D C le bout des pièces d'assemblage, afin qu'on ne les confondît pas avec la mortaise N que j'ai décrite : il est aisé d'imaginer cette charpente.

Fig. 279, pince ou tenaille en bois de noyer, composée de deux jambes D E. Une petite pièce intermédiaire pour tenir les deux premières à une distance égale à l'épaisseur de deux planches, et un anneau de fer A pour rendre le tout solide.

C, en représente la coupe sur la ligne *a b*.

B, est un anneau ou boucle en bois dans lequel les deux bouts D E de la pince entrent pour les empêcher de se séparer et pour contenir le tambour.

Fig. 280, petite planche séparée du cylindre et retenue dans sa position circulaire par la pince; *fig*. 281, faux fond en bois de chêne ou de noyer de deux centimètres d'épaisseur pour placer aux deux bouts du tambour : ces faux fonds ont exactement le même diamètre que doit avoir la mesure, afin que le bois en se séchant ne se déforme pas : on les laisse ainsi jusqu'à ce que le tambour soit totalement sec; il faut avoir beaucoup de ces faux fonds.

Fig. 282, A B C D est le cylindre qui me sert de calibre pour la mesure. Sa hauteur A B et son diamètre B C sont égaux et tels que porte l'instruction. On y voit l'embase J K et les entailles G H, E F pour recevoir les pointes de clous.

Fig. 283, lorsque le bois est sec, on coupe le tambour jusqu'à ce que les deux bouts se touchent par approche en les serrant sur le calibre avec les cercles à vis et à charnière; *fig.* 284, on voit aussi dans la même figure les deux rainures du calibre *g h f e* qui sont ponctuées pour indiquer leur position lorsque la mesure est sur le moule.

Lorsque la mesure est bien placée sur le calibre ou moule, et serrée par le cercle à vis, elle est dans une situation renversée : la partie supérieure doit joindre par tous ses points sur l'embase, et le jable doit paraître tout autour, au-dessus du cylindre, comme on le voit en F G.

Fig. 224, cercle de fer à charnière, en B, une de ses branches C reçoit le corps de la vis qui y entre librement, et l'autre A porte l'écrou. L'on y voit aussi la vis D E en place. Comme il arrive quelquefois que les deux bouts du tambour quoique ajustés par approche, forment un angle, on leur fait prendre la forme circulaire de cette manière : on place la petite planche *fig* 285 sur la jointure, mais sans la clouer; on la presse par deux autres cercles de fer qu'on place entre les deux qui sont déjà aux deux bouts du cylindre; mais on a soin que les charnières soient du côté où sont les vis des autres, et les vis du côté où sont les charnières : on cloue la planche tout près de ces derniers cercles que l'on fait glisser successivement pour placer de nouveaux clous jusqu'à ce que toute la planche soit entièrement clouée.

Lorsque toutes ces pièces sont ajustées ainsi que nous

venons de le dire, mais en observant qu'il faut y avoir placé le fond qui doit reposer sur le cylindre, on ajuste le cercle en bois qu'on doit placer au fond de la mesure, ce qui affermit toutes ces pièces. On ôte les cerceaux de fer, on place le cercle supérieur, on rive les clous, et la mesure est finie. Si elle doit être ferrée, on n'a qu'à enlever le bois excédant qui doit être remplacé par le fer.

CHAPITRE II.

Notions théoriques nécessaires au boisselier, empruntées au manuel des poids et mesures, des monnaies et du calcul décimal. (1)

La loi du 19 germinal an VII sur l'usage des mesures de boissellerie dans le département de la Seine, contient des dispositions qu'il est utile au boisselier de connaître.

Le litre et ses divisions remplacent le litron et ses divisions.

La vente des grains en gros se fera en hectolitres. On mesurera les grains sur les marchés avec le demi-hectolitre.

Le cours du prix des grains sera noté en hectolitres.

Le charbon de terre se mesurera au demi-hectolitre; mais on comptera pareillement en hectolitres, l'hectolitre sera la mesure effective et de compte du charbon de bois.

On vendra à la mesure rase tous les grains et les autres denrées susceptibles d'être mesurées ainsi.

---

(1) Un vol. in-18 de 464 pages, par M. Tarbé des Sablons, 15e édition, Paris, 1833; librairie encyclopédique de Roret, rue Hautefeuille, au coin de celle du Battoir. Prix : 3 francs.

§. 1. *Formes et dimensions des nouvelles mesures de capacité.*

Les dimensions des mesures de capacité ne sont pas indifférentes et ont dû être déterminées d'après les principes de l'uniformité adoptés pour leur contenance. En supposant des boisseaux de la même capacite, mais inégaux en diamètre comme en hauteur, on conçoit que le grain, le sel peuvent éprouver plus de tassement dans la mesure la plus haute, et, dès lors, y être contenus en plus grande quantité. Il est d'ailleurs des matières qu'on ne peut mesurer que *comble*, et ce comble ne peut être exactement le même qu'autant que les diamètres sont égaux : il a donc été réglé 1° que toutes les mesures auraient la forme d'un cylindre creux. 2° Que dans les mesures pour matières seches dites mesures de *boissellerie* le diamètre de la base serait égal à la hauteur. 3° Que les mesures de liquide auraient une hauteur double de diamètre de la base, sauf la petite différence occasionée par l'addition d'un bec pour la facilité du transvasement.

Il résulte de ces dispositions que chacun peut s'assurer même à l'aide d'un simple bâton que la capacité n'a pas été altérée; parce que la longueur du diamètre, peu susceptible de diminution , servira de garantie à la hauteur, si l'on soupçonnait que le diamètre lui même n'eut pas la dimension requise ; ce qui pourrait induire dans une erreur grave, la table suivante offre un moyen facile de vérification.

En avançant le point décimal d'un chiffre on aurait une mesure mille fois plus petite, en le reculant de même d'un chiffre elle serait mille fois plus grande.

Les fabricans ne pouvant pas toujours atteindre rigoureusement l'exacte conformité des mesures qu'ils fabriquent avec les étalons, le gouvernement a autorisé les vérificateurs à admettre les mesures dont les différences n'excéderaient pas des limites déterminées et qui suivent.

§. 2. *Tolérance.*

La mesure de la hauteur doit être la même que celle du diamètre; mais, s'il n'est pas possible à l'ouvrier de faire exactement, les différences doivent être l'une en plus, l'autre en moins, et ne pas excéder un *vingtième.*

Dans les mesures garnies de potences ou autres corps saillans, il faut que la hauteur soit un peu plus forte que celle désignée au tableau en raison du volume de ces objets.

La vérification se fait par le moyen de la graine de navette, versée à la trémie, toute mesure dont la contenance sera trouvée trop petite sera rejetée. Les différences en plus ne doivent pas excéder un *centième* pour les mesures en chêne et un *cinquantième* pour celles en hêtre et autres bois.

§. 3 *nouvelles mesures.*

Les mesures pour les grains et matières sèches sont communément construites en bois; elles sont formées d'une éclisse ou feuille mince de chêne, noyer ou hêtre, courbée sur elle-même fixée par des clous et renforcée en haut et en bas par des bordures semblables. Les grandes mesures sont garnies de cercles, potences et bandes en fer pour en maintenir et conserver la forme :

celles qui sont destinées au mesurage de la chaux, du plâtre, etc., ont des pieds pour en faciliter le maniement.

Dans les pays où l'on construit les mesures à grains avec des douves réunies par des cercles, on peut appliquer le même mode aux mesures usuelles; mais à condition que le diamètre supérieur différera le moins possible du diamètre inférieur. Le diamètre moyen étant égal aux dimensions ci-après. Il serait à désirer que, dans la construction de ces mesures, l'épaisseur des douves étant un peu diminuée extérieurement vers le haut, les cercles pussent les serrer sans qu'il y eut de différence entre les diamètres supérieur et inférieur (*instruction ministérielle du 27 octobre* 1812.)

Hauteur et diamètre que doivent avoir les mesures nouvelles.

Hectolitre......	503 millimètres et	1 dixième de millimètre (1)
Demi-hectolitre...	399	3
Double-décalitre..	294	2
Décalitre.......	233	5
Demi-décalitre....	185	3
Double-litre	136	6
Litre...........	108	4
Demi-litre.......	86	
Double-décilitre...	63	4
Décilitre.......	50	3

(1) Les dixièmes de millimètres sont peu appréciables : au-dessous de 4, on met le nombre prescrit *fort* ; pour 4, 5, 6, on met la demie; pour 7, 8, la demie forte; pour 9, le nombre qui suivrait *faible*.

Mesures usuelles.

	m. m		m. m.
Double boisseau........	317 0	Quart de boisseau......	158 5
Boisseau..............	251 6	Quart de litre.........	68 3
Demi-Boisseau.........	199 7	Huitième de litre......	54 2

§. 4 *Conversion des litrons, boisseaux, setiers et muids de Paris en litres, décalitres, etc.*

Le boisseau de Paris contenait en capacité 655 pouces cubes 78 centièmes ; il y avait seize litrons au boisseau.

D'après une sentence du 29 décembre 1670 rendue par le prévôt des marchands pour l'exécution de l'édit d'octobre 1669 qui avait ordonné la confection de nouveaux étalons pour le boisseau, le demi-boisseau, le quart, le demi-quart, le litron et le demi-litron de telle contenance que le grain qui composait le comble selon l'ancien usage y soit contenu. Les dimensions de ces étalons sont ainsi déterminées.

Boisseau.	hauteur,	8	pouces	2	lignes	1/2;	diamètre,	10	pouces	0	lignes
1/2 bois.	id	6	id.	5	id.		id.	8	id	0	id.
Quart...	id.	4	id.	9	id.		id.	6	id	9	id.
1/2 quart	id	4	id.	3	id.		id.	5	id.	0	id.
Litron...	id.	3	id.	6	id.		id.	3	id.	10	id.
1/2 litron	id.	2	id.	10	id.		id.	3	id.	1	id.

En faisant séparément le calcul de ces dimensions dont le produit devrait donner des mesures contenues exactement les unes dans les autres, on trouve que le boisseau contient tantôt 644 pouces cubes 690 : tantôt 645 968, 629 908, 667 590, 646 291, et 676 944, et pour contenance moyenne 651 755. Les instructions officielles l'évaluaient à 655 78, apparemment après une vérification plus exacte ou par suite de quelqu'altération dans les étalons. Cet exemple suffit pour prouver le peu de soin qu'on apportait anciennement à la composition des mesures et combien on eût erré si, comme beaucoup de personnes l'avaient jugé préférable, on se fut borné pour établir l'uniformité des poids et mesures à généraliser l'usage de ceux dont on se servait à Paris.

Le grain, l'avoine, le sel et le charbon de bois se mesuraient à Paris au muid et au setier ; mais ce n'était pas la même mesure pour toutes ces denrées; elles n'avaient de commun que le boisseau qui était le même

Le muid pour le grain, l'avoine et le sel, contenait douze setiers, pour le charbon dix seulement. le setier pour le grain douze boisseaux; pour l'avoine 24, pour le sel 16, pour le charbon 32. Le muid et le setier n'etaient que des mesures de compte ; la mesure effective était le boisseau.

Nous donnons la conversion des litrons et des boisseaux en litres, des setiers et des muids en hectolitres. Nous ne parlons pas de la mine et du minot qui étaient la moitié et le quart du setier de blé, non plus que des sous divisions du boisseau et du litron qui se divisaient par moitié, quart et demi-quart.

Litrons de Paris en litres.

Les décimales font des millièmes de litre; 16 litrons qui faisaient un boisseau répondent assez exactement à 13 litres.

		lit.			lit.			lit.
1	litron fait	0,813	6	litrons font	4,[illegible]78	11	litrons font	8,943
2	id.	1,6[illegible]6	7	id.	5,691	12	id. ...	9,7[illegible]6
3	id.	2,43[illegible]	8	id	6,504	13	id. ...	10,569
4	id	3,[illegible]5[illegible]	9	id.	7,317	14	id. ...	11,382
5	id.	4,065	10	id.	8,13[illegible]	15	id. ...	12,195

Boisseaux de Paris en litres.

Le boisseau de Paris était le même pour les grains, le sel, l'avoine et le charbon. Nous avons mieux aimé convertir le boisseau en litres qu'en décalitres, parce que cette dernière mesure est remplacée pour la vente en détail, par les boisseaux usuels; si, néanmoins, on veut convertir en décalitres, il suffit d'avancer le point décimal d'un chiffre. On voit que l'ancien boisseau répond à peu près à treize litres, et ce rapport suffira dans l'usage ordinaire; mais les calculs suivans ont été faits sur le rapport exact qui est comme 1 à 1 300829. Les décimales sont des centiemes.

1 boisseau fait	13,01	14 boiss. font	182,12	27	351,22
2 id.	26,02	15	195,12	28	364,23
3 id.	39,03	16	208,13	29	377 24
4 id	52,04	17	221,14	30	390,28
5 id	65,05	18	234,15	40	520,30
6 id.	78,06	19	247,16	50	650,43
7 id.	91,07	20	260,17	60	780 51
8 id.	104,07	21	273,17	70	910 55
9 id.	117,08	22	286,18	80	1040,66
10 id.	130,08	23	299,19	90	1170,75
11 id	143,09	24	312,20	100	1300,83
12 id	156,10	25	325,21	200	2601,66
13 id.	169,11	26	338,22	300	3902,49

Setiers de Paris en hectolitres.

Quoique les grains, l'avoine, le sel et le charbon se vendissent au setier, c'étaient quatre mesures différentes: le setier contenant, comme on l'a vu plus haut; pour le grain, douze boisseaux; pour le sel, seize, pour l'avoine, vingt-quatre; et pour le charbon, trente-deux. A l'aide de la table suivante, il sera facile de convertir ces différens setiers en hectolitres.

Ici les décimales sont des décalitres et des litres.

GRAINS.		SEL.		AVOINE.		CHARBON.	
Set.	Hect	Set.	Hect.	Set.	Hect	Set.	Hect.
1.....	1 56	1.....	2 08	1.....	3 12	1.....	4 16
2.....	3 12	2.....	4 16	2.....	6 24	2.....	8 33
3.....	4 68	3.....	6 24	3.....	9 37	3.....	12 49
4.....	6 24	4.....	8 33	4.....	12 49	4.....	16 65
5.....	7 81	5.....	10 41	5.....	15 61	5.....	20 81
6.....	9 37	6.....	12 49	6.....	18 73	6.....	24 98
7.....	10 93	7.....	14 57	7.....	21 85	7.....	29 14
8.....	12 49	8.....	16 65	8.....	24 98	8.....	33 30
9.....	14 05	9.....	18 73	9.....	28 10	9.....	37 46
10.....	15 61	10.....	20 81	10.....	31 22	10.....	41 63
11.....	17 17	11.....	22 90	11.....	34 34	11.....	45 79
12.....	18 73	12.....	24 98	12.....	37·46	12.....	49 95

Muids de Paris en hectolitres.

Le muid de Paris contenait douze setiers pour les grains, l'avoine et le sel, et dix seulement pour le charbon. Attendu la différence de ces setiers, le muid formait aussi quatre mesures différentes.

L'ancien muid de charbon valant dix setiers, il faut pour le convertir en hectolitres, recourir à la dernière colonne du tableau ci-dessus, en reculant le point d'un chiffre, ainsi on dira :

Un muid de Paris équivaut à 41,6 hectolitres.
Deux muids id. à 83,3 id. etc.

Pour les grains, le sel et l'avoine.

Les décimales sont des litres.

GRAINS.		SEL.		AVOINE.	
Muids.	Hectol.	Muids.	Hect	Muids.	Hect.
1........	18,73	1........	24,98	1........	37,46
2........	37,46	2........	49,95	2........	74,93
3........	56,20	3........	74,93	3........	112,39
4........	74,93	4........	99,90	4........	149,86
5........	93,66	5........	121,88	5........	187,32
6	112,39	6.	149,86	6........	224,78
7	131,12	7........	174,83	7........	262,25

Grains.		Sel.		Avoine.	
Muids.	Hect.	Muids	Hect	Muids.	Hect.
8........	149,86	8........	199,81	8........	299,71
9........	168,59	9........	224,78	9	337,18
10........	187,32	10........	249,76	10........	374,64
20........	374,64	20.......	499,5	20........	749,28
30........	561,96	30........	749,28	30........	1123,92
40........	749,28	40........	999,04	40........	1498,56
50.	936,60	50........	1248,80	50........	1873,19
60........	1123,92	60........	1498,56	60........	2247,83
70........	1311,24	70........	1748,32	70........	2622,47
80........	1498,56	80........	1998,07	80........	2997,11
90........	1685,88	90........	2247,83	90........	3371,75
100.......	1873,19	100.......	2499,59	100.......	3746,39

Litres et hectolitres en litrons, boisseaux et muids de Paris.

Dix litres font un décalitre, dix décalitres un hectolitre. Nous n'avons pas converti les décalitres parce qu'au moyen de l'établissement des boisseaux usuels cette mesure sera peu employée. Si, néanmoins, on veut avoir le rapport des décalitres avec les litrons, boisseaux et setiers de Paris, il faut pour les litrons et les boisseaux reculer le point d'un chiffre, et pour les setiers, l'avancer d'un chiffre.

Litres en litrons.

Les décimales sont des centièmes.

Litres.	Litrons.	Litres.	Litrons	Litres.	Litrons.
1........	1,23	4	4,92	7........	8,61
2........	2,46	5..	6,15	8........	9,84
3........	3,69	6........	7,38	9........	11,07

Litres en boisseaux de Paris.

Les décimales sont des millièmes.

Litres.	Boisseaux.	Litres.	Boisseaux.	Litres.	Boisseaux.
10.....	0,769	40.....	3,075	70.. ..	5,381
20.....	1,537	50. ...	3,844	80.....	6,150
30....	2,306	60.....	4,613	90.....	6,919

Hectolitres en setiers de Paris.

On a vu plus haut la différence des anciens setiers de grains, de sel, d'avoine et de charbon ; quoique l'hectolitre soit une mesure constante et toujours la même, on conçoit que, comparé à ces quatre espèces de setiers, il doit présenter des rapports différens. Les décimales expriment des millièmes de setier ; en les multipliant, pour les grains, par 12 ; pour le sel, par 16 ; pour l'avoine, par 24 ; et pour le charbon, par 32, et retranchant les trois derniers chiffres, on obtient des boisseaux.

GRAINS.		SEL.		AVOINE.		CHARBON.	
Hect.	Set.	Hect.	Set.	Hect.	Set.	Hect.	Set.
1....	0,641	1....	0,480	1....	0,320	1....	0,240
2....	2,181	2....	0,961	2....	0,641	2....	0,480
3....	1,922	3....	1,441	3 ...	0,961	3....	0,721
4....	2,562	4....	1,922	4....	1,281	4....	0,961
5....	3,203	5....	2,402	5....	1,602	5....	1,201
6....	3,844	6....	2,883	6....	1,922	6....	1,441
7....	4,484	7....	3,363	7....	2,242	7....	1,682
8....	5,125	8....	3,844	8....	2,562	8....	1,922
9....	5,765	9....	4,324	9.. .	2,883	9....	2,162

Hectolitres en muids de Paris.

Les anciens muids de grains, de sel, d'avoine et de charbon n'étaient pas une même mesure, ainsi qu'on l'a dit plus haut, le muid de charbon contenant dix setiers, on pourra, pour convertir en muids de charbon, les hectolitres, se servir de la quatrième colonne de la table ci-dessus, en avançant le point décimal d'un chiffre, ainsi que nous l'avons dit lors de la conversion des muids en hectolitres. Quant aux hectolitres de grains, de sel et d'avoine, la table suivante en présente la conversion en muids.

Les décimales expriment des millièmes de muid. Si on a besoin de les convertir en setiers pour les grains, le sel et l'avoine, il faut les multiplier par 12 et retrancher les trois derniers chiffres qui sont des millièmes de setier, et pourront eux-mêmes se convertir en boisseaux, comme au précédent paragraphe.

Grains.		Sel.		Avoine.	
Hect.	Muids.	Hect.	Muids.	Hect.	Muids.
1......	0,053	1......	0,040	1......	0 027
2......	0,107	2......	0,080	2......	0,053
3......	0,160	3......	0,120	3......	0,080
4......	0,214	4......	0,160	4......	0,107
5......	0,267	5......	0,200	5......	0,134
6......	0,320	6......	0,240	6......	0,160
7......	0,374	7......	0,280	7......	0,187
8......	0.427	8......	0,320	8......	0,214
9......	0.480	9......	0,360	9......	0,240
10......	0,534	10......	0,400	10......	0,280

§ 5. *Mesures usuelles de capacité pour matières sèches.*

L'article 4 de l'arrêté du 28 mars 1812 porte que les grains et autres matières sèches pourront être mesurés dans la vente en détail avec une mesure égale au huitième de l'hectolitre, qui prendra le nom de *boisseau*, aura son double, son demi et son quart, et que chacune de ces mesures portera, avec son nom, l'indication de son rapport avec l'hectolitre.

Le boisseau usuel qui ne diffère de l'ancien boisseau de Paris que de quatre pour cent en moins, est parfaitement approprié à tous les besoins du peuple qui en saisit facilement le rapport avec l'hectolitre.

En bornant l'usage de ces mesures au commerce de détail, cette disposition ne porte aucune atteinte à la mesure légale, l'hectolitre continuant à être l'unité de compte, et le demi hectolitre l'instrument effectif pour le mesurage des grains, des charbons et autres matières sèches dans les marchés et pour le commerce en gros.

L'article 5 porte que pour la vente des graines, grenailles, farines, légumes secs ou verts, le litre pourra se diviser en demi, quart et huitième.

Le double boisseau est le quart de l'hectolitre, et correspond à vingt-cinq litres, le boisseau à douze litres et demi, le demi boisseau à six litres un quart; le quart de boisseau à trois litres et un huitième : ces rapports ainsi que ceux du quart et du demi-quart de litre étant extrêmement simples, il est inutile de donner une table particulière pour la conversion de ces mesures en hectolitres et litres.

§ 6. *Moyen facile de convertir tous les anciens boisseaux, setiers, etc, en nouvelles mesures de capacité*

Il y avait deux manières d'évaluer la contenance des mesures de capacité. La première et la plus usitée, quoique seulement approximative, était de peser le grain contenu dans la mesure; ainsi, on savait que le setier de Paris pesait, en froment, 240 livres, et dans chaque canton on connaissait aussi exactement le poids moyen de la mesure locale. La deuxième manière était de réduire la capacité des diverses mesures en pouces cubes, par le calcul de leurs trois dimensions : on savait ainsi que le boisseau de Paris contenait en anciens pouces cubes 655·78, le litron, 40·99, etc. La table suivante a pour objet de convertir toutes les anciennes mesures de capacité en nouvelles, en les désignant d'abord par leur poids en froment, et ensuite par le moyen du nombres de pouces cubes qu'elles contiennent. Chacun pourra, par ce moyen, connaître le rapport qui existe entre la mesure de son pays et celle qui doit la remplacer.

Si l'on avait à convertir en nouvelles mesures, quelques mesures locales dont on ignorât la contenance en livres, poids de marc, ou en pouces cubes, il faudrait les évaluer soit par les règles ordinaires du jaugeage, que le calcul decimal rend extrêmement simples, soit en transvasant dans les nouvelles mesures le grain contenu dans ces mesures particulières.

Dans ce dernier cas il ne suffit pas de faire l'opération sur un seul minot ou boisseau pour obtenir quelque exactitude, il faut, après avoir mesuré, par exemple, trente minots ou boisseaux de grain, mesurer le même grain au décalitre ou double décalitre, en employant les mesures inferieures pour ce qui excédera un nombre juste de décalitres; râcler exactement à l'une et à l'autre mesure, emplir de la même manière pour qu'il n'y ait pas plus de tassement d'un côté que de l'autre, et établir cette proportion : *Si trente minots donnent* 93 *décalitres*, 5 *litres*, 4 *décilitres*, *combien un minot?* En divisant 93-54 par trente, on a pour la contenance du minot, 3 décalitres, 118.

Mesures locales évaluées en livres de marc.

Le setier de Paris équivalant à un hectolitre 561, pesait, en froment, 240 livres, poids de marc; c'est d'après cette base que la table suivante a été calculée, nous la conduisons depuis une livre jusqu'à 300, poids du plus grand setier. Il est inutile d'observer que le poids du grain variant d'une année à l'autre et suivant la qualité, il ne s'agit ici que du poids moyen : au reste, on sait aisément que ce mode de conversion ne peut être qu'approximatif. D'après la même base, le poids moyen de l'hectolitre de froment est de 153 livres 12 onces.

Quoique nous donnions ici la conversion en litres, on peut, en avançant ou reculant le point, convertir en telle autre mesure que l'on désire : ainsi la mesure de froment, pesant 250 livres, évaluée ici à 162 litres 604, vaudra en hectolitres, 1·62614.

La même table sert à convertir les quintaux de froment, poids de marc en hectolitres.

Liv. de from.	Litres.	Liv. de from.	Litres.	Liv. de from.	Litres.
1	0,650	50	32,521	180	117,075
2	1,301	60	39,025	190	123,579
3	1,951	70	45,529	200	130,083
4	2,602	80	52,033	210	136,587
5	3,252	90	58,537	220	143,092
6	3,902	100	65,042	230	149,596
7	4,553	110	71,546	240	156,100
8	5,203	120	78,050	250	162,604
9	5,854	130	84,554	260	169,108
10	6 504	140	91,058	270	175,613
20	13,008	150	97,562	280	182,117
30	19,512	160	104,066	290	188,621
40	26,016	170	110,570	300	195,125

Mesures locales évaluées en anciens pouces cubes.

Nous donnons ici la conversion des pouces cubes en litres. Si la mesure contient un nombre de pouces qui ne soit pas dans la table, comme 657, on en trouvera l'équivalent en additionnant les nombres de litres correspondant à 600, à 50 et à 7. S'il s'agissait d'une mesure plus grande et contenant des pieds, pouces et lignes cubes, on en ferait facilement le calcul au moyen de la table ci-après, en se souvenant que le mètre cube correspond à 10 hectolitres ou à 1000 litres.

Les décimales sont des millièmes.

Pouces cubes.	Litres	Pouces cubes.	Litres.	Pouces cubes	Litres.
1........	0,020	10........	0,198	100........	1,984
2........	0,040	20........	0,397	200........	3,967
3........	0,060	30........	0,595	300........	5,951
4........	0,079	40........	0,793	400........	7,935
5........	0,099	50........	0,992	500........	9,918
6........	0,119	60........	0,190	600........	11,902
7........	0,139	70........	0,389	700........	13,885
8........	0,159	80........	0,587	800........	15,869
9........	0,179	90........	0,785	900........	17,853

CHAPITRE III.

CRIBLES, TAMIS, SOUFFLETS, SABOTS.

§ 1. *Cribles, tamis.*

C'est le boisselier qui fait les cribles et les tamis, à l'exception des gros cribles en osier qui sont faits par le vanier. Les tamis sont faits avec une cerche de chêne ou de hêtre, roulée comme un corps de boisseau. On la prend plus ou moins large, selon que le tamis doit avoir plus ou moins de profondeur. On prépare un cercle solidement fixé qui doit lui servir de renfort du côté de la batterie, et qui doit aussi servir comme les vergettes des tambours à tendre la solamire. Quand le tamis est garni de toile métallique, il est bon de prendre cette toile entre deux vergettes et de poser ensuite ces deux vergettes sur le corps du tamis, ce qui fait trois épaisseurs du côté de la batterie. Dans tous les autres cas on se contente de la vergette qui dépasse le corps du tamis sur lequel elle doit être assujettie solidement.

La fig. 286 représente un tamis ordinaire avec solamire en crin; *a* est le corps du tamis, *b* la vergette, *c* la solamire, *d* une portion de la solamire dépassant et que l'on coupe ensuite.

Quand, dans certaines circonstances, le tamis ou le crible sont destinés à laisser passer des corps oblongs ou filamenteux, on fait la solamire en fils de fer plus ou moins écartés, selon la portée qu'on veut donner au crible : ces fils sont posés à la manière du treillis des raquettes au moyen de trous pratiqués dans la cerche, et comme ces fils ne sont jamais assez tendus pour qu'ils ne puissent fléchir dans leur longueur, on les maintient à l'écartement convenable au moyen de nervures transversales composées de deux fils dont un plus fort passe en dessous et l'autre très-fin tourne en hélice à l'entour en embrassant et fixant à leur écartement respectif les fils de la trame. La fig. 287 représente une solamire ainsi faite.

Lorsqu'il s'agit de faire passer des grains ronds ou à peu près ronds, d'une grosseur déterminée, on se sert des cribles en peau, représentés fig 288. On conçoit que si l'on tient à ne conserver qu'une espèce de graine, un seul crible ne pourra servir ; il en faudra au moins deux. Dans le premier triage, les corps plus gros que le grain à séparer resteront dans le crible ; mais aussi les corps plus petits passeront avec le grain, et pour extraire ces corps plus petits il faudra un crible dont les trous soient plus petits que les grains à conserver ; alors les corps plus petits passeront et le grain restera. Quant aux corps de même grosseur que le grain il n'appartient point aux cribles d'en faire la séparation, c'est par d'autres moyens, étrangers à l'art qui nous occupe, qu'on y parvient,

§ 2. *Soufflets.*

Les soufflets à main ordinaires, ceux d'appartement sont fabriqués par le boisselier. Les fabricans qui se nomment *soufflétiers* s'occupent exclusivement de la fabrication des soufflets de forge à deux et à trois vents. Nous ne nous livrerons pas à l'examen de ces derniers, mais seulement à celui de ce qui rentre dans les attributions du boisselier, encore bien, qu'à proprement parler, ce ne soit pas un ouvrage de son état. C'est ordinairement le hêtre qui sert à faire les soufflets communs, et le noyer qui est employé pour les soufflets plus soignés, qui servent dans les appartemens. L'épaisseur, la largeur et la longueur des planches est déterminée par la force des soufflets; mais assez ordinairement cette épaisseur e-t de huit millimètres à un centimètre. On doit choisir du bois bien sain et qui ait produit tout son effet. Le bois fendu, percé de vers, ou perforé par des nœuds doit être rejeté, parce qu'il livrerait issue à l'air, ou qu'il pourrait se déjeter. On donne des formes diverses aux soufflets : on les faits arrondis (V. fig 215, 290 et 291) ou bien carrés, ou pour mieux dire, trapézoïdes (V. fig. 297). Cette forme n'influe en rien sur la force du soufflet; mais elle nécessite pour les derniers une façon intérieure plus compliquée. Les soufflets carrés sont plus difficiles à faire que les autres, et la mode seule peut déterminer à les préférer. Nous commencerons par les soufflets ronds, parce qu'ils sont plus faciles à faire.

On commence par dresser deux planches avec le rabot, à les mettre bien d'épaisseur. On trace une ligne médiale *a* fig. 290, puis avec un compas ouvert à la demande, on trace, en posant une des pointes sur la ligne *a*, un cercle *b* qui détermine la largeur qu'aura le soufflet. Assez ordinairement on prend la tête *d*, fig 290, 291, dans le même morceau. Alors on enlève à la scie le morceau qui sera la planche mobile, ou le ventilateur du soufflet. Si on n'a pas de bois assez épais pour prendre les deux planches dans le même morceau, on y ajoutera un morceau pour faire la buse, et on sciera d'abord les deux planches l'une sur l'autre, suivant le tracé, fig. 290 et 291, en réservant les deux poignées *e* : Les deux planches ainsi découpées, on s'occupe de la tête si elle doit être rapportée, c'est un trapèze en bois, percé d'un trou conique *f*, fig. 291, dont l'orifice le plus évasé doit se trouver en dedans du soufflet et qui est fixé après la planche immobile avec de la colle forte et des clous rivés. Si cette *tête* ou *buse* est du même morceau, ce qui vaut mieux, on n'a qu'à la percer et à l'évaser en dedans. Ce sera dans l'orifice antérieur, le petit orifice de ce trou *f* qu'on plantera le canon *g* que l'on nomme aussi quelquefois buse. Pour n'avoir plus à revenir sur ce canon, s'il est en cuivre on l'achète tout fait, s'il doit être en fer on prend un bout de canon de fusil ou un canon de pistolet, ou bien encore, et plus communément, on forme une douille conique avec une plaque de tôle qu'on arrondit sur un mandrin en fer nommé *triboulet*. Ce canon se pose de trois manières; 1° en l'introduisant avec force dans le trou alésé pour le recevoir; 2° en formant au bout de la tête, autour de l'orifice extérieur du trou *f*. un tourillon entrant de force dans le canon; 3° en laissant au canon à sa base, une collerette percée de plusieurs trous destinés à recevoir les clous qui doivent fixer le canon après la tête. Dans ce cas, et pour boucher plus exactement toute issue à l'air, on interpose entre la collerette du canon et le bois une rondelle en cuir sur laquelle opère la pression des clous.

Si la tête a été rapportée et si l'on a coupé les deux planches sur le même tracé, celle destinée à être le ventilateur *e* sera trop longue de toute la hauteur de la tête *d*, il faudra alors retrancher, en la sciant, la partie la moins large de cette planche, d'une longueur égale à celle de la tête, afin que les deux planches *e e* se trouvent, étant posées, être d'égale longueur : on n'a pas besoin d'avoir cette attention lorsque le ventilateur est refendu dans le même morceau, en réservant la tête, parce qu'alors, il se trouve de suite coupé à la longueur qu'il doit avoir pour se trouver égal à la planche immobile.

Quand ces deux planches sont coupées suivant le patron, on s'occupe de suite de faire la soupape ou prise d'air. On peut la faire à l'une ou l'autre des planches; mais il convient mieux de la faire après la planche immobile *e* qui est en dessous, afin que le soufflet posé à plat, le clapet de la soupape retombe par son propre poids et se tienne toujours ferme, ce qui l'empêche de prendre de faux plis. Les fig. 290 et 291 représentent cette planche immobile ; savoir : celle 290, vue en dehors, et celle 291, vue en dedans, elles nous serviront à faire comprendre comment se construit la soupape. On commence par faire, au travers de cette planche, une ouverture à laquelle on donne la forme que l'on veut, ronde, carrée, parallélogramme, etc. Nous avons choisi celle du trèfle *h* qui est très-facile à faire, parce qu'on la produit avec une mèche à trois pointes. Quand cette ouverture *h* est pratiquée on fait le clapet *i*, fig. 291, qui n'est autre chose qu'un carré de planche mince ou de carton, collé sur une peau de mouton *k* avec ou sans poil. Cette peau doit dépasser des quatre côtés le clapet *i* et être dans l'endroit où elle dépasse, amincie et assouplie, afin qu'elle colle bien contre le bois par un des côtés, où l'on la tient plus longue, elle est fixée soit avec de la colle, soit à l'aide de clous après la planche, de manière à ce qu'elle fasse charnière, et que le clapet posé sur elle puisse facilement ouvrir et fermer. Pour les petits soufflets on ne se sert pas de peau avec poils; mais d'une peau souple, et pour rendre encore les trois bords plus sensibles à la pression de l'air, on colle des bandes de taffetas sur ces trois côtés.

Pour que le clapet ne s'ouvre pas indéfiniment et ne puisse retomber en arrière, on colle ou on cloue par-dessus une lanière en peau souple *l*, fixée par les deux bouts. La fig. 292 fait voir la soupape vue de profil le clapet soulevé ; les mêmes lettres indiquent les mêmes objets dans toutes les figures de cette démonstration.

Lorsque la soupape est faite et qu'on s'est assuré, en la levant et la laissant tomber, qu'elle joue librement, on fait et l'on pose les nervures *m*, fig. 293. Ces nervures sont faites en bois, en jonc, en fil de fer, comme on le juge convenable; elles tiennent aux deux côtés de la tête *d* avec des clous et des rivures, et il est de bonne construction qu'elles soient mobiles, c'est-à-dire qu'elles puissent pivoter sur leurs points d'attache. Si on les fait en fil de fer, il faut recouvrir ce fer, soit avec du ruban, soit avec une bande de peau afin que la rouille ne puisse attaquer la peau du soufflet. On les retient à l'écartement convenable avec le fil *n* qui doit servir jusqu'à ce que la peau soit posée.

Les nervures mises en place et jouant librement sur leurs points d'attache, on attache le ventilateur après la tête du soufflet de manière à ce que son mouvement de battement ne soit point gêné, et aussi à ce que le vent ne puisse s'échapper par la brisure. Dans les forts soufflets on met deux couplets dit charnières attachées par un des ailerons sur la tête *d* et par l'autre sous le ventilateur *e*. Dans les soufflets ordinaires on fait cette charnière en peau collée et clouée sous la partie antérieure du ventilateur, et sur la tête *d*. D'autres fois pour rendre cette brisure plus souple et en même tems plus serrée, on la fait en trois morceaux, un au milieu, les deux autres de chaque côté. Celui du milieu est posé comme nous venons de le dire pour la brisure d'une seule pièce, c'est-à-dire sous la planche *e* et sur la tête *d*, et les deux parties des côtés dans le sens contraire, c'est-à-dire sur la planche *é* et sur son bout d'une part, et sur les côtés de la tête *d* de chaque côté du trou *f* d'autre part, en employant toujours simultanément la colle et les clous comme moyen de fixation. Indépendamment de cette brisure on colle par-dessus une pièce de peau *o*, fig. 293, qu'on fixe en outre avec deux rangs de broquettes, un rang sur le bout de la planche *é*, l'autre sur la tête *d*, le plus près possible de la brisure.

Le soufflet ainsi préparé il n'y a plus qu'à mettre la peau sur cette carcasse. Pour les petits soufflets on se sert de peau de mouton souple et bien tannée, pour les grands soufflets c'est une peau de veau ou même un cuir de vache. Quand la peau est bien souple et que celui qui la pose est très au fait, il peut se dispenser de la mouiller ; mais il vaut mieux avoir cette précaution. On met donc tremper la peau, et lorsqu'elle est très-molle on l'étend sur la carcasse du soufflet en la tirant bien sur les nervures *m*, et on l'attache avec deux clous peu enfoncés des deux côtés de la tête *d*. On peut aussi la fixer provisoirement par quelques pointes implantées sur les champs des planches avec des pointes, et on laisse sécher la peau en cet état.

Quand elle a bien pris son pli, on retire les pointes qui la tenaient : on induit de colle forte bien chaude les champs des planches *e e'*, ainsi que les côtés de la tête *d*, et on remet la peau en place, que l'on fixe avec des broquettes à tête plate mises de loin en loin ; puis on applique sur ces mêmes endroits où l'on a mis de la colle, des bandes de cuir ou de cuivre très-mince, ou bien un galon métallique, et on cloue en faisant des avant-trous avec un poinçon aigu ; on met des clous à tête large assez près les uns des autres pour que la pression ait lieu dans tous les contours, et qu'il ne fasse nulle part une fuite d'air. Dans cet état, le soufflet est terminé, et peut servir. La fig. 289 représente le soufflet fini.

Le soufflet carré, soit qu'il soit destiné aux appartemens, soit qu'on le destine à la forge de l'orfèvre ou de tout autre profession dans lesquelles on est dans l'habitude de se servir de ces soufflets, exige plus de soins que le soufflet arrondi. Certaines personnes prétendent qu'à grandeur égale le soufflet carré donne plus de vent : cette prétention nous semble difficile à motiver. Quoiqu'il en soit, nous devons dire comment il se construit. La fig. 294 le représente vu de profil. Ce qui distingue ce soufflet, c'est moins sa forme extérieure que la construction intérieure dans laquelle les nervures sont supprimées. Dans les petits soufflets comme dans les grands ce sont des éclisses qui tiennent les plis invariablement fixés. Ces éclisses sont en carton mince dans les premiers, en bois dans les seconds. La fig. 295 indique quelle doit être la forme de ces éclisses qui sont toujours par paires. Dans la fig. 296 on voit une paire d'éclisses accouplée par une bande de parchemin. Il arrive souvent qu'on n'accouple pas ainsi les éclisses, la peau du soufflet pouvant suffire; cependant on fait bien d'en agir ainsi, cette bande soutient la peau, qui s'use toujours plus dans ce pli qu'ailleurs. La fig. 297 repsésente les trois éclisses, celle de la culotte et les deux des côtés dans leur position respective. Voici comment elles se posent : on mouille la peau pour la rendre souple, puis on forme un pli, sur ce pli on colle trois éclisses, et de suite trois autres sur le revers du pli. On fait un nouveau pli, et on colle six nouvelles éclisses, et ainsi de suite, jusqu'à ce que tous les plis soient garnis : il faut vingt-quatre éclisses pour le soufflet, fig. 294.

Les plis formés, on les entrouve de peur qu'en séchant les éclisses ne se collent entre elles, si quelque peu de colle ne s'y était répandu, et on laisse sécher la peau. Quand elle est sèche, on la pose sur la carcasse en la collant ou en la clouant, et même en employant les deux moyens à la fois. Après quoi, assez souvent, on met des coins en peau ou en parchemin pour consolider les angles des plis; car c'est toujours à cet endroit où il se fait des trous qui occasionent des pertes.

Le soufflet à deux vents, représenté fig. 298, diffère peu des soufflets dont nous venons de parler. La planche du milieu *a* qu'on nomme *le diaphragme* fait corps avec la tête, et est souvent prise dans le même morceau; elle seule est immobile, les deux autres planches sont nommées : celle *b* le ventilateur, celle *c* le réservoir d'air. On met à ce soufflet des nervures ou des éclisses, et on y pratique deux soupapes semblables à celle que nous avons décrite plus haut vue sur le ventilateur *b*, l'autre sur le diaphragme *a*, toutes deux tournées dans le même sens. Le vent n'a pas de communication directe entre l'espace compris entre *a* et *b* et la buse *g*. Après être rentré dans le ventilateur, il faut qu'il passe par la soupape du diaphragme pour se rendre dans le réservoir d'air *a c*, d'où il s'échappe par le trou pratiqué dans la tête, et qui répondra au canon *g*. Dans les gros soufflets on met en *c* un tasseau supportant un poids qui, par sa pesanteur, force la planche *c* à baisser, et par conséquent à chasser le vent par la buse. Dans les soufflets à main on remplace ce poids par un ressort a boudin, qui, en se retirant, après avoir été ouvert par la force du vent, attire la planche *c* contre le diaphragme *a*, et produit le même effet que le poids des gros soufflets. On peut remplacer avantageusement ce ressort *d* par le moyen de la tringle courbe *c*, fig. 215.

Il y a beaucoup d'autres soufflets fabriqués par des méthodes qui diffèrent de celles que nous venons de décrire : mais quand on saura faire les soufflets simples, on parviendra facilement aux autres.

§. 3. *Sabots.*

Le boisselier, principalement dans les provinces, fait la vente des sabots, et, sous ce rapport, il doit avoir une idée de cette fabrication. Les sabots sont faits avec des bois légers, avec de l'aulne, le saule, le noyer blanc et autres semblables. Il y a beaucoup de nuances dans la fabrication des sabots fins, et on en fait maintenant qui, à l'extérieur, imitent parfaitement les souliers. Dans chaque pays les saboliers se conforment au goût dominant. Les gros sabots d'aulne, dits *sabots d'écurie*, *sabots grenolés* sont tous à peu pres semblables, ils ne diffèrent entre eux que par la grandeur, étant destinés à des âges différens.

Les outils du sabotier sont des scies à débiter, des planes de formes différentes, des *couteaux de formier*, espèce de cisaille qui s'accroche à un point d'appui, et dont la fig. 299 donnera une idée satisfaisante, soit *a* un fort piton qu'on enfonce sur le bord d'un gros billot servant d'établi On passe par l'anneau de ce piton le crochet *b* qui termine par le bout le couteau à manche : ce qui donne un point d'appui. On pose le sabot sur le billot qui lui sert de point d'appui, et on le façonne extérieurement avec ce couteau, qui coupe admirablement bien dans les bois tendres. Cependant cet outil n'est pas adopté partout, et nous avons vu beaucoup de sabotiers qui n'en avaient pas même connaissance.

Pour creuser les sabots, on a un assortiment de cuillers semblables à celle représentée de face du côté du creux de la cuiller, fig. 300. et de profil, fig. 101. Cet outil s'emmanche en travers comme une tarrière, et est très-commode pour opérer le percement. On emploie aussi pour cette opération des gouges recourbées, avec esquelles on polit le sabot en dedans, pour qu'il ne se trouve point d'aspérités susceptibles de blesser les pieds, ou même d'accrocher les bas. Ces cuillers qui doivent toujours couper très-vivement, sont affilées avec de pétites pierres faites exprès. Pendant qu'on se sert de ces outils, le sabot est solidement maintenu sur le billot par le moyen de coins, comme on le verra plus bas.

On ne s'occupe de donner la forme extérieure et définitive au sabot que lorsque le creux est tout-à-fait fini.

Les sabots sont faits de manière à pouvoir être changés de pied ; mais on en fait aussi des droits et des gauches : c'est le trou fait au rebord vers le milieu, et par lequel passe la corde qui les accouple, qui sert à reconnaître leur sens.

Les sabots fins sont assez ordinairement recouverts d'une peinture noire qui les pénètre d'un millimètre environ ; ils sont ensuite prêlés et vernis. On y met des brides, des panouffles, des talons en cuir ; mais tous ces accessoires sont en dehors de notre sujet.

On fait des sabots très-légers, très-découverts, qu'on nomme claques : ils servent à être mis par dessus les souliers.

Deux sabotiers, l'un de Bordeaux, l'autre de Paris ont pris brevet pour des modifications dans la fabrication des sabots. Nous transcrivons ci-après ce que nous trouvons à cet égard dans la publication des brevets d'invention. Le changement proposé par les brevetés était peu important, les sabotiers en jugeront : nous n'avons pas voulu, en omettant de leur faire connaître ces prétendues inventions, qu'ils s'imaginassent qu'il y avait quelque chose d'intéressant que nous eussions omis.

Perfectionnemens apportés dans la fabrication des sabots, qui rendent cette chaussure plus légère et plus commode qu'elle ne l'a été jusqu'alors, par MM. GUÉRIN FRÈRES, *à Bordeaux.*

Cette chaussure, construite en bois très-léger et très mince, joint à l'avantage de n'être presque pas plus pesante que les souliers ordinaires de femme, celui d'être assez élégante, et de pouvoir être portée par toutes les dames.

Cette chaussure très dégagée, a des talons et est destinée à recevoir un soulier mince, qu'elle garantit de la boue et de l'humidité.

Une bride que l'on serre au moyen d'une boucle, donne la facilité de la faire tenir au pied.

Des sabots articulés, par M. BERTHAUT, *à Paris.*

Ces chaussures sont des sabots ordinaires, auxquels on a pratiqué aux deux tiers en avant et de chaque côté, à l'endroit de l'articulation du pied, une entaille formant un angle de quarante-cinq degrés, recouverte par des goussets de cuir cousus sur les côtés de l'entaille. La semelle du sabot est coupée transversalement à l'endroit du sommet de l'angle, et cette section est couverte en-dedans par un morceau de cuir de forme rectangulaire servant de charnière; cette charnière assujettit les deux parties et joint exactement les deux goussets, le tout est incrusté dans le bois et à fleur; de sorte qu'aucune humidité ne peut pénétrer dans l'intérieur. Cette chaussure, au moyen de la bride dont elle est munie, obéit parfaitement à tous les mouvemens du pied sans le fatiguer; le talon, qui fuit sous le pied, n'éprouvant aucune saccade, ne peut lancer de crotte après les vêtemens.

Pour éviter le bruit, on peut mettre sous ces sabots une semelle de buffle.

On peut établir des galoches sur le même principe que les sabots que l'on vient de décrire.

L'établi du sabotier, si l'on peut toutefois donner ce nom à l'espèce de billot sur lequel il travaille, se compose d'un tronc d'arbre, quelquefois recouvert de son écorce, qui varie de longueur suivant les localités, mais qui a ordinairement un mètre un quart ou un mètre et demi de longueur; il est supporté par quatre pieds courts qui sont tout simplement de gros bâtons robustes, sans traverses ni entretoises, entrés avec force dans quatre trous de calibre percés dans le tronc d'arbre, qui se trouve de la sorte couché horizontalement et élevé de terre d'environ o m. 5, plus ou moins, selon la taille de l'ouvrier qui doit travailler sur ce billot. Sur le dessus de ce tronc, et au milieu, on fait une entaille de quatre décimètres environ de longueur. Cette entaille se fait en donnant deux traits de scie, espacés entr'eux de quatre décimètres, également distants des bouts du corps d'arbre employé, et pénétrant jusqu'au tiers de sa grosseur; on enlève ensuite le bois contenu entre ces deux traits de scie, et on égalise le fond. La figure 302 fera de suite comprendre comment se construit cet appareil très-simple, qui a beaucoup de ressemblance avec l'entaille des charpentiers, pièce qui leur sert d'étau pour certaines opérations. *a* est le tronc d'arbre; *b* est l'entaille; *c* sont les pieds. Quelquefois, au lieu de faire l'entaille droite, on la fait un peu rentrante, c'est-à-dire plus large par le bas que par le haut, ainsi que le représente la figure 303. Par ce moyen, les sabots, lorsqu'on les serre dans l'entaille *b* avec un coin, sont maintenus plus solidement; *a b*, dans cette figure 303, sont les sabots à creuser; *c*, est le coin qui les fixe dans l'entaille.

Avant de mettre les sabots dans cette entaille, ils sont dégrossis avec une hache sur le billot; cette hache, d'une forme particulière, est représentée fig. 304 et avec un outil semblable à l'assette, mais un peu moins recourbé en dedans, et dont il est inutile de donner la figure, puisqu'elle se rapporte absolument aux fig. 98 et 99. Les sabots maintenus dans l'entaille, l'ouvrier les creuse avec les cuillers, comme nous l'avons dit plus haut. Il y a un assortiment de ces cuillers, les unes servent pour le devant du pied, les autres pour le talon. S'il arrive, pendant le travail, que les sabots viennent à s'ébranler, l'ouvrier donne quelques coups d'un maillet en bois, nommé *renard*, pour les serrer de nouveau. Après le percement avec les cuillers, il répare et adoucit avec des gouges. Lorsqu'ils sont creusés, ils sont remis à l'ouvrier qui les pare, c'est-à-dire qui leur donne la dernière façon avec le couteau plane fig. 299.

M. Grimpé, habile mécanicien, connu par sa machine à façonner les bois de fusil, a pu, au moyen de modifications apportées à cette machine, la rendre propre au percement des sabots; mais ici encore, comme pour la machine de M. de Manneville, dont il a été question au commencement de cet ouvrage, il sera difficile de faire passer ce perfectionnement dans la pratique, parce que ces machines compliquées coûtent très-cher, qu'elles ne marchent qu'à l'aide de puissans moteurs, et qu'elles nécessitent de vastes bâtimens pour les loger. Il y a loin de là, à la loge du sabotier faite dans la forêt, composée de planches et de bois en grume, prenant le jour par le haut et par une ouverture qui sert en même tems de cheminée. Comment la machine pourrait-elle lutter avec avantage? elle qui coûtera cinq ou six mille francs par an pour loyers, intérêts du prix d'achat, journées des conducteurs et mécaniciens, combustible, etc., avec la loge qui ne coûte rien ou presque rien, avec la loge nomade qui va s'établir près de la matière première. L'industrie du sabotier, par la simplicité de ses produits, par leur bon marché, nous paraît n'avoir rien à redouter de la fabrication en grand. S'il s'était agi d'une découverte pouvant améliorer et avancer le travail de l'artisan, nous n'aurions rien négligé pour être à même de lui faire connaître l'amélioration; mais nous n'avons pas cru devoir entrer dans les détails nombreux qu'aurait nécessité une connaissance même imparfaite de la machine de M. Grimpé. La fabrication des sabots n'étant pas de ces industries dont il importe que le prix des produits soit abaissé, afin que le nombre des consommateurs s'augmente, ne gagnerait rien à l'emploi de la mécanique. Quant au perfectionnement, il ne peut avoir lieu relativement au creusement, mais seulement sous le rapport du parement, c'est-à-dire du plus ou moins d'élégance donnée à l'extérieur, et nous voyons tous les jours des sabots tellement bien exécutés, qu'ils représentent absolument les souliers les mieux faits.

§ 4. LE FORMIER.

L'art du formier a fait depuis quelque tems des progrès tellement importans sous le rapport de l'outillage et sous celui des formes, qu'il ne reste presque plus de rapport entre cet art, pour ainsi dire nouveau, et l'ancienne manière de faire; telle est l'importance actuelle de cet art, qu'il faudrait presque un ouvrage spécial pour le traiter convenablement dans toutes ses parties. Cette latitude ne nous est pas donnée, nous devons nous renfermer dans les limites d'un simple chapitre, et le nombre déjà très considérable de nos dessins nous en fait également une loi impérieuse. Nous tâcherons cependant, en n'envisageant que les points principaux et importans à connaître, de donner une idée satisfaisante du degré de perfection que les ouvriers ont atteint.

Les bois employés par le formier sont : le *charme* pour les formes, le *hêtre* pour les embouchoirs ou embauchoirs. Quelquefois il emploie le noyer et même l'alisier qui prend un plus beau poli : mais ce sont des exceptions. La règle générale, c'est le charme et le hêtre; il achète son bois au stère ou plutôt à la voie. Une voie de bois lui fournit huit cents formes, cinquante à cinquante-cinq paires d'embouchoirs ordinaires, et environ une trentaine d'écuyères. Son bois doit être choisi droit et bien de fil, avec le moins de nœuds possible.

Les outils du formier sont un billot simple pour bûcher et dégrossir, qui ne diffère en rien des billots ordinaires : c'est un tronc d'arbre scié droit et posé à terre.

Une hache propre à cette profession, que nous avons dessinée fig. 305; elle pèse trois ou quatre kilogrammes.

Des scies ordinaires à tenon et à débiter.

Un gros billot carré long, formant une espèce d'établi massif à l'un des bouts duquel est fixé un très-gros piton, un tirefond dans lequel passe le crochet du couteau. Ce couteau-plane, qui sert à faire les préparations, est très-difficile à bien affûter; son taillant, qui est long de six décimètres environ, doit être très-droit et très-égal; on l'entretient coupant à l'aide d'un grattoir fait soit avec une lime tiers-points bien repassée sur ses trois faces, soit à l'aide d'un burin de bonne qualité, dont on entretient les arêtes vives.

Un établi de menuisier, garni de sa griffe de son valet et de sa presse. Indépendamment de la presse ordinaire, le formier doit avoir un grand étau en bois, dont les mâchoires sont garnies intérieurement de plaques de fer taillées en râpe, mais dont les dents seront peu relevées, afin qu'elles ne s'impriment pas trop profondément dans le bois; c'est dans cet étau qu'il prend les embouchoirs déjà dégrossis, pour scier l'enfourchement et pour faire partir le bois contenu entre les deux traits de scie avec le bédane. Il prend aussi son embouchoir dans cet étau, lorsqu'il dégraisse le joint à l'aide du ciseau.

Un ou deux ciseaux de menuisier.

Une paire d'affûtages, varlopes et demi-varlopes, un rabot.

Un guillaume, un feuilleret, un bouvet pour faire

les feuillures du côté de l'emboucboir et les languettes du coin.

Un ou plusieurs bédanes assortis, correspondant pour la largeur à la largeur du fer du bouvet qui fait les feuillures.

Un outil tout d'acier ressemblant au tranchet des cordonniers, mais beaucoup plus grand, nommé tranchet à dégrossir que nous avons dessiné fig. 306.

Un vilebrequin et des mêches d'une force adaptée à la grosseur des trous à faire pour le chevillage des brisures.

Des râpes à grain moyen, appropriées au genre des travaux du formier. Ces râpes, fabriquées à Paris dans un établissement particulier, coûtant 3 fr. 50 c., sont faites en bon acier, et conservent très-long-tems leur mordant.

Enfin, il faut au formier tout ce qui sert à parer et à polir l'ouvrage, des grattoirs enfûtés ou non, de la presle, du papier de verre de grain assorti.

Préparation du bois.

La première préparation du bois consiste à le refendre, soit à la scie, soit au coûtre, si cette opération est possible, de manière à ce qu'il présente un triangle sur sa coupe ; si le bois est en grume, on abat les trois côtés à la hache ou à la scie ; si, réduit dans cet état, il est trop gros, on divise le triangle en deux triangles, en faisant passer une ligne, passant par le sommet de l'un des angles, et tombant au milieu de la base. Quant au bois destiné à faire les embouchoirs, on se contente de le couper suivant des longueurs déterminées par l'emploi, et de le refendre suivant le besoin. Les bois doivent être sains, sans gerces, et être bien secs : des bois d'un an d'abattage, et même de deux, seraient encore trop verts.

Ebauche d'une forme.

Le morceau de bois, déjà rendu triangulaire, tenu de la main gauche par un bout, et appuyé de l'autre sur le billot, tandis que la main droite tient la hache (fig 305). est d'abord aminci a partir du milieu de la longueur, au moyen de l'enlèvement d'un des angles ; ensuite on l'appointit en enlevant les angles de chaque côté, mais seulement vers la pointe. Déjà, dès ces trois premiers coups, la forme se dessine ; il est aisé de voir que c'est le talon que l'on tient dans la main gauche, et que la pointe porte sur le billot. On retourne alors le bois, sans le changer de bout, et on le dresse par le côté qui sera le dessous de la forme, et l'on donne un coup vers la pointe, afin que cette pointe relève un peu. On change alors le morceau de bout en prenant la pointe dans la main gauche, et faisant porter le talon sur le billot. Dans cette position on enlève les angles, et on évide de manière à ce que le talon se dessine à peu près : la forme est ébauchée.

Seconde façon.

La forme est alors portée sur l'établi qui supporte le couteau à planer, et c'est avec cet instrument que le formier finit par la modeler, suivant le dessin et les dimensions voulues. Pour faire ce travail, il tient sa forme avec la main gauche, et plane avec la droite.

Troisième façon.

C'est alors avec la râpe, la lime, le grattoir, le papier de verre, que l'ouvrier finit par donner la dernière main-d'œuvre.

Les formes étant faites pour le pied droit et pour le pied gauche, on les perce d'un trou vers le talon, et on les assemble par paire.

Ainsi se font les formes simples : les formes brisées exigent d'autres soins.

Formes brisées.

Les formes brisées se font de trois morceaux : un pour le talon, la clé qui est au milieu, et le bout du pied; la figure 307 fait voir ces trois parties dans la position respective. On commence par mettre en place la pointe et le talon, et l'on fait ensuite entrer la clé en pesant dessus. Il y a de chaque côté de la clé une languette qui entre dans la rainure pratiquée dans la partie de devant et dans celle de derrière. Ces rainures sont indiquées dans la figure par deux ponctuées verticales : les languettes de la clé sont ombrées.

Formes composées.

Les formes composées ne sont pas seulement comme les formes brisées, le résultat de la réunion de plusieurs morceaux, d'autres pièces, telles que vis, coins, charnières, forment leur ensemble. Ainsi, la forme représentée de profil, fig. 309, et vue en plan fig. 308, est d'abord une forme brisée composée de deux demi-formes et d'un coin, et de plus d'une vis ou d'un coin, représenté à part fig. 310, qui servent à écarter la forme par le bout, lorsqu'il s'agit d'élargir le soulier par le bout.

A cet effet, la partie antérieure *a* de la forme est

sciée en deux parties égales, suivant le sens de sa longueur, ces deux parties sont réunies dans le fond de la rainure, dans laquelle entre la languette de la clé *b*, par une lame flexible en cuir, ou mieux cuivre laminé, formant charnière.

On pose la forme dans le soulier, comme une forme brisée ordinaire; on opère avec le coin *b* toute la pression longitudinale qu'on peut désirer; puis, en introduisant dans le trou *c* qui est taraudé s'il s'agit d'y faire entrer une vis, ou bien qui est carré rhomboïde s'il s'agit d'y pousser le coin (fig. 310), la vis ou le coin, ont produit l'écartement des deux parties *a a* (fig. 308). Lorsque le trou *c* doit être taraudé, il faut le percer et le tarauder avant de faire la division avec la scie.

Un formier de Paris a pris brevet pour la forme composée, représentée à peu près fig. 311; nous disons à peu près, parce que nous nous sommes plutôt attachés à faire comprendre le système qu'à reproduire exactement les formes; nous avons représenté la forme placée dans le soulier *a*. La vis *b* remplace la clé des formes brisées; la demi-forme *c* est taraudée; la vis *b* butte contre la demi-forme du devant; la partie *c* avance ou recule selon qu'on tourne la vis de l'un ou de l'autre côté. Ce système est désapprouvé par les autres formiers : ils prétendent, peut-être avec raison, que la vis n'a pas autant de force que le coin; que, tout en la mettant à la hauteur juste du quartier, elle est encore hors de la ligne de résistance; ils prétendent aussi qu'en baissant trop cette vis pour la rapprocher le plus possible de la résistance, on risque d'atteindre le quartier des souliers et de les détériorer.

Nous leur avons proposé le modèle fig. 312, la poignée de la vis *b* serait remplacée par une rondelle *a* (fig. 312), un bout non fileté, s'engagerait suivant la ligne ponctuée, dans la demi-forme du bout de pied, l'autre partie filetée s'engagerait dans l'écrou taraudé de la demi-forme-talon. En tournant la rondelle *a* qui pourrait être percée sur son champ de quatre trous se croisant, on opérerait l'écartement des deux demi-formes; et lorsqu'on voudrait opérer une grande pression, on passerait une cheville formant levier dans les trous percés sur le champ de la rondelle *a*.

Les formiers font pour les cordonniers des formes composées de vingt pièces qui peuvent, au moyen de coins, servir de formes universelles pour toutes les grandeurs et formes de pieds. Nous ne les avons point dessinées, parce qu'il aurait fallu présenter les diverses pièces sous plusieurs aspects, et que cela aurait grossi considérablement le nombre déjà si grand de nos figures; nous nous contenterons de signaler l'existence de ces formes perfectionnées. Nos lecteurs, qui n'en auraient pas connaissance, et qui voudraient en fabriquer, feront bien de faire l'acquisition d'un bon modèle, moyen toujours infaillible de réussir.

Toutes les anciennes dénominations de *pied de pendu*, *demi-pied de pendu*, *marinière*, *talon de cuir*, *rond*, *demi-rond*, *talon de bois*, *etc.*, ne sont plus en usage.

Embouchoirs ou embauchoirs.

On donne ce nom à des formes brisées, destinées à mettre en forme les bottes et les bottines. Ces formes ont donc non-seulement un pied, comme les formes ordinaires, mais encore une jambe. On fait des embouchoirs courts qui ne montent pas plus haut que le molet, d'autres destinés à monter jusqu'au genou, d'autres enfin qu'on nomme *écuyères*, qui montent plus haut que le genou.

Les embouchoirs sont faits en hêtre; ils sont composés de quatre parties : 1° le devant de la jambe; 2° le bout du pied; 3° le derrière de la jambe; 4° la clé.

Les deux premières parties sont liées ensemble par une brisure chevillée, qui permet l'introduction du pied dans la partie antérieure de la botte. Comme dans la forme brisée, la clé porte deux languettes en regard de chaque côté, au milieu de sa largeur, entrant dans deux rainures, dont une pratiquée dans la partie antérieure, et l'autre dans la partie postérieure de l'embouchoir.

Autrefois on faisait des embouchoirs de trois pièces sans bout de pied : on n'en voit plus guères. On faisait aussi des embouchoirs dont la clé, au lieu de diviser l'embouchoir en partie antérieure et postérieure, le divisait en parties latérales : on n'en fait plus.

En revanche, on fait pour les voyageurs des embouchoirs creux qui sont très-légers, et dans la cavité desquels on peut serrer les brosses, le cirage, et autres menus objets nécessaires au nettoyage de la chaussure. Ces embouchoirs, dont la clé elle-même est découpée à jour, ainsi que le pied, sont encore très-solides, et durent aussi long-tems que les autres.

Indépendamment de ces objets, le formier fabrique encore avec le hêtre les tire-bottes de toutes façons, les passe carreaux des tailleurs et les sandales de bains.

Nous devons les renseignemens qui précèdent à

M. HENRI JUDEAU, habile formier de Paris, qui demeure rue des Cannettes, n° 11, près la place Saint-Sulpice. Ce fabricant ne pratique point son art en suivant l'ornière d'une routine aveugle; il en a étudié la théorie et les ressources : son esprit travaille pour en reculer les limites et le perfectionner. Il nous a fait voir des produits très-remarquables sortis de ses mains, qui prouvent que non-seulement il est au niveau des connaissances actuelles, mais même qu'il les devance.

Notes sur plusieurs ustensiles nécessaires au tonnelier, pour l'arrangement des bouteilles dans les caves.

Nous croyons faire plaisir à nos lecteurs en leur faisant connaître quelques procédés concernant les caves dont il arrive très-souvent que la direction est confiée au tonnelier. Lorsqu'on met le vin en bouteilles, et que ces bouteilles sont amoncelées étant supportées seulement par des lattes interposées, la casse est assez fréquente, car les bouteilles ainsi placées sont sujettes à se choquer entre elles. On n'a pas toujours la facilité de les ensabler, et dans ce cas encore, on peut craindre les éboulemens et la casse qui en est la suite. On a donc cherché un moyen d'entasser les bouteilles couchées, sans qu'aucune perte fut possible, et ce moyen a été trouvé au moyen de planches posées sur champ, les unes au-dessus des autres, clouées sur quatre montans qui servent de pieds. Ces planches sont entaillées de manière qu'une encoche demi-circulaire, assez grande pour recevoir le cul d'une bouteille, se trouve vis-à-vis d'une autre encoche plus petite pratiquée dans la planche parallèle, et propre à recevoir le gouleau de la bouteille :

ces deux planches sont séparées d'une distance moindre que la hauteur d'une bouteille ordinaire ; les fig. 313, 314, 315 sont destinées à faire bien comprendre comment cet appareil s'établit.

Soit la fig. 313 une planche de vingt millimètres environ d'épaisseur, large de deux décimètres environ, et d'une longueur appropriée à l'endroit où l'on veut faire le rangement des bouteilles. On prendra le milieu de la largeur de cette planche, et on y tracera une ligne *a a*. Sur cette ligne, avec une mèche à trois pointes ou avec un trépan pour les grands trous, on percera, espacés de deux à trois centimètres, une ligne de trous, *b*, *c*, grands et petits, alternativement : les grands, d'un diamètre, suffisant pour que le cul des bouteilles puisse y passer ; les petits, d'un diamètre un peu plus grand que celui du gouleau d'une bouteille ordinaire. Cela fait, avec une scie allemande ou tout autre propre à refendre, on divisera la planche en deux parties, en suivant la ligne *a a*, qui passe par le centre de tous les trous.

La planche fig. 313 produira les planches fig. 314 et 815. On les clouera sur les montans en les faisant avancer de manière à ce que les grandes encoches coïncident avec les petites, ainsi qu'il vient d'être dit, et on posera dans ces encoches les bouteilles *a b*, couchées horizontalement à *tête-bêche*, c'est à-dire que le gouleau de l'une sera tourné vers le mur, et le gouleau de l'autre tourné par-devant ; en mettant plusieurs rangées de ces planches les unes au-dessus des autres, les bouteilles se trouvent placées comme sur les rayons d'une bibliothèque, et l'on n'a pas à craindre la casse ; on peut en retirer une, même en dessous, sans craindre de déranger ses autres, ni leur faire éprouver aucun ébranlement. Les tonneliers peuvent faire à l'avance des rayons semblables tout cloués sur leurs montans, ils ne manqueront pas de trouver à s'en défaire avantageusement.

La fig. 316 représente un fragment de la planche à bouteilles ordinaire, qui est connue de tout le monde; c'est dans les trous de ces planches qu'on met les bouteilles sens dessus-dessous pour les faire égoutter après qu'elles ont été rincées. Dans une planche bien faite, les trous doivent être fraisés afin que les bouteilles s'y maintiennent dans une position verticale. Quand les trous ne sont pas fraisés, les bouteilles sont sujettes à déverser dans tous les sens, à s'entrechoquer et à se casser.

Quand on ne peut pas avoir une planche à trous fraisés, il vaut mieux avoir recours à un gros poteau rond *a* qu'on plante en terre (V. fig. 317); tout autour de ce poteau et à toutes les hauteurs on plante des chevilles en chêne *b*, grosses comme le doigt environ, inclinées comme on le voit dans la figure. Dans ces chevilles, on passe les bouteilles *c* au fur et à mesure qu'elles sont rincees, et dans cette situation, renversées, elles s'égouttent aisément.

VOCABULAIRE

DES

TERMES EMPLOYÉS PAR LE TONNELIER.

A

AISSELIÈRE. On donne ce nom à deux pièces qui font partie du fond d'une futaille; ces deux pièces avoisinent la maîtresse pièce.

AMARRER. Attacher ou retenir avec des câbles ou des cordages.

ANSER. Garnir un vase quelconque d'une anse de bois ou de fer.

ARTISONNÉ. Mauvaise qualité du bois.

ASSAU, ASSE, ASSETTE, ESSETTE, suivant les pays, et aussi selon la forme de l'outil. C'est l'outil recourbé en dedans que nous avons dessiné fig., 97, 98, 99, 100 et 101.

AUBIER, AUBOUR. Bois imparfait qui se trouve entre l'écorce et le cœur de l'arbre; il ne doit pas être employé à faire le merrain ni le traversin.

B

BAQUET. Vaisseau qui n'a qu'un fond et dont les bords sont peu élevés. On fait deux baquets en sciant un tonneau en deux parties.

BAIGNOIRE. Baquet ovale ou elliptique.

BAILLE. Nom du baquet et du cuvier dans certaines localités.

BARATTE. Vaisseau à deux fonds, plus large par le bas que par le haut et dans lequel on bat le beurre.

BARRE. Planche placée en travers sur les douves qui forment le fond d'un tonneau et qui les maintient et les empêche de se voiler.

BARRER. Poser la barre dont il vient d'être parlé et faire les trous dans lesquels doivent entrer les chevilles destinées à la retenir.

BARIL. Petit tonneau propre à mettre du vinaigre, des salines, de la poudre, etc.

BARILLET. Petit baril.

BARRIQUE. Très-gros tonneau, il y en a de capacité très-variée. (Voyez le tableau de la capacité des pièces des différens pays.)

BARROIR ou **VRILLE A BARRER.** Longue tarrière avec laquelle on fait les trous des chevilles qui retiennent la barre.

BATTERIE. Terme de boissellerie. Le dessous d'un tamis ou d'un crible, ainsi nommé parce que c'est avec ce dessous qu'on frappe le tamis ou le crible contre un point d'appui quelconque.

BATIR. Monter un tonneau; arranger les douves, les préparer et les disposer chacune à leur place, de façon qu'en les serrant avec des cercles elles forment le corps du tonneau.

BATISSOIR. Ustensile qui sert à faire courber les douves d'un tonneau lorsqu'on le bâtit. Il y a un bâtissoir à vis pour les cuves.

BATOURNER. Retourner toutes les douves dont on

fait une futaille pour s'assurer si elles ne sont pas plus larges d'un côté que de l'autre.

BIDON. Espèce de broc servant aux soldats.

BILLOT. (*V. Tronchet.*)

BISEAU. Inclinaison formée sur le champ d'une planche. Lorsque le biseau est pratiqué des deux côtés on dit que la planche est taillée à double biseau ou à deux biseaux.

BOIS DE FENTE. Bois fendu au coûtre.

BOIS REFENDU. Bois débité à la scie.

BOIS GRAS. Bois abattu, l'arbre étant trop vieux; ayant passé l'âge convenable, bois sur le retour qui n'est point encore corrompu, mais annonce par son aspect une prédisposition à se corrompre; ce bois a déjà perdu quelques unes de ses qualités essentielles.

BOIS BLANC. Bois léger et peu solide, tel que saule, peuplier, aune, bouleau, tremble, etc.

BOIS ROUGE. Bois sur lequel on aperçoit des veines diversement colorées, qui indiquent un commencement de dépérissement.

BOIS VERGÉS ou **VERGETÉS.** Bois marbrés de veines blanches et rouges, étant de détérioration plus avancée que le précédent.

BOIS D'ENFONCURE. C'est le traversin, mais cette expression a plus de portée, car le bois dit traversin ne passe pas en longueur certaines limites assez restreintes, tandis que le bois d'enfonçure peut être de toute longueur, il suffit qu'il soit destiné à faire des fonds pour que ce nom lui soit applicable.

BOIS ROULÉ Bois dont les couches concentriques ne sont pas parfaitement adhérentes; ce défaut provient de l'*échauffure*, c'est-à-dire du dépérissement des couches médullaires qui séparent les couches ligneuses concentriques.

BOIS DE QUARTIER. Pris suivant la direction de la maille. Ces bois peuvent être fendus au coûtre.

BOITTE. Boisson faite avec du raisin et de l'eau, ou avec des fruits cuits, ou des fruits sauvages, etc.

BONDON. Bouchon en bois qui sert à fermer l'ouverture faite sur le bouge d'une futaille. Lorsque ce bondon est d'un grand diamètre il prend le nom de *Bonde*.

BONDONNIÈRE. Tarrière conique avec laquelle on perce l'ouverture du bondon.

BORDER (*Boissellerie*). Garnir d'un bord d'osier les extrémités d'une pièce de boissellerie pour la rendre plus solide.

BORDURE (*Boissellerie*). Feuilles de bois de hêtre fort minces, portant environ 16 centimètres de largeur, servant à border les extrémités des seaux, seilles, boisseaux, etc.

BOTTE. Ancien mot qui dans le Lyonnais signifiait *muid.* (V. ce mot.)

BOTTE DE BORDURE (*Boissellerie*). Douzaine de feuilles de bois de hêtre liées ensemble et destinées à la bordure.

BOTTE DE SEAUX. Paquet de six corps de seau, tels qu'ils sortent de la forêt.

BOUÉE. Vase bouché de tous les côtés et creux en dedans, destiné à être jeté à la mer et à surnager. On s'en sert pour indiquer le lieu où se trouve l'ancre et pour d'autres usages.

BOUGE. Bombement, la partie renflée d'un tonneau.

BRAY. Espèce de résine dont on enduit les bouées et certains autres ouvrages du tonnelier.

BROC. Vaisseau à anse servant à transvaser le vin.

C

CAISSE (*Boissellerie*). Gros tambour.

CALFATER. Garnir d'étoupes et de bray les joints et les fonds des bouées.

CAQUE. Petit baril dans lequel on renferme des salines, harengs, sardines, etc.

CERCEAU. Petit cercle qui retient les douves des barils, des quarts, etc.

CERCLE. Lien de bois ou de fer destiné à retenir les douves d'une futaille, d'une cuve, etc.

CERCLE DU BOUGE. C'est celui qui est le plus près du bouge.

CERCLE DU JABLE. C'est le plus petit; celui qui se pose en dernier.

CERCLE DE PLAIN-PIED. Cercle tel qu'il est au moment où on l'achète dans la vente en forêt.

CHANFREIN. Plan incliné sur le bord d'une planche, mais qui ne descend pas de toute l'épaisseur de la planche, ce en quoi il difière du biseau.

CHANTEAU. Partie du fond d'une futaille, les deux segmens qui terminent le fond.

CHARPI. (*V. Tronchet.*)

CHASSER UN CERCLE. Le frapper à l'aide du chassoir jusqu'à ce qu'il descende à la place qu'il doit occuper.

CHASSOIR. Espèce de coin en bois ou en fer dont le tonnelier se sert pour appuyer sur le cercle qu'il chasse et pour ne point l'endommager par les coups de maillet.

CHEVILLE. Petite pièce de bois de chêne ou de châtaigner, pyramidale, qui sert à assujettir la barre et à maintenir les sommiers.

CLAIN, CLAN. D'une douve; c'est l'inclinaison formée sur les longs côtés d'une douve sur chaque champ, afin qu'après que toutes les douves seront placées l'une à côté de l'autre circulairement, elles puissent se joindre sur toute leur épaisseur.

COCHE, on dit aussi *Encoche*. Entaille que l'on fait sur l'epaisseur des cercles pour retenir l'osier avec lequel on les attache.

COCHOIRE. L'outil avec lequel on fait les coches. Il sert encore à une infinité d'autres usages.

COFFINER (*Vieux mot*). Se dit d'un assemblage dont les différentes pièces se détraquent, les unes s'allongeant, les autres se retirant, bombant dans un sens, tandis que celle qui l'avoisine bombe dans un autre, etc.

COLOMBE. Espèce de varlope renversée, en forme de banc, sur laquelle on dresse le champ des planches.

COMBUGER. Vider l'eau qu'on a mis dans une futaille pour la laver, de même que retirer l'eau qui s'est infiltrée dans une bouée.

COPEAUX. On dit *Coupeaux* dans quelques localités, longues feuilles de bois enlevées d'une planche de hêtre que l'on met tremper dans des vins forts, généreux et hauts en couleur, et qui mises ensuite dans un vin faible et pâle lui donnent de la saveur et de la couleur, ou pour purifier et éclaircir les vins troubles.

CORPS DE SEAU. Feuille de hêtre très-mince. servant à faire des seaux et seilles de boissellerie; la hauteur est d'environ trois décimètres.

COUTRE. Outil de fendeur qui sert à faire des serches, des lattes, des charniers, etc.

CROCHET. Petite planche échancrée servant de patron pour faire le clain des douves.

CUVE. Grand vaisseau fait de plusieurs planches retenues par des cercles ou liens de bois, dans lesquels on dépose la vendange et où on la foule.

CUVE EN TINETTE. Cuve dont la partie supérieure est d'un diamètre moindre que celui de la base; faite en cône tronqué.

CUVIER. Grand baquet fait en sapin ou autre bois blanc qui ne puisse colorer le linge; ces vaisseaux étant destinés particulièrement au coulage de la lessive.

D

DÉCHIRER une futaille; ôter les cercles qui retiennent les douves et casser ces dernières pour qu'elles ne puissent plus servir à faire des tonneaux. On dit aussi *démolir une futaille* pour signifier ôter les cercles et conserver les douelles pour en faire usage.

DÉCALITRE. Mesure contenant dix litres.

DÉCILITRE. Petite mesure contenant la dixième partie du litre.

DEMI-QUEUE. Futaille de la contenance d'un demi tonneau ou d'un poinçon. (Ne se dit plus.)

DOLER. Dresser une planche avec la doloire. L'ouvrier spécialement chargé de cette besogne prend le nom de *Doleur*.

DOUVE. Se dit généralement de toute planche de merrain destinée à faire un vaisseau quelconque, tonneau, cuvier, broc, etc. Le mot *doile* ou *douelle* s'emploie aussi dans le même sens. Cependant dans beaucoup d'endroits on fait une distinction entre ces deux mots; douve est la planche débitée; douelle est la planche lorsqu'elle a été dolée.

DOUVE ÉPEIGNÉE. Douve cassée dans le jable et à

laquelle on a substitué un morceau de douelle pour remplacer la partie rompue.

E

ECALER. On dit que le bois s'écale lorsqu'il se lève par lames, écailles ou éclats.

ECHASSES. Hausses qui font partie du billot ou charpi.

ECLISSES (*boissellerie*). Planche très-mince.

EMMORTAISER. Joindre une pièce de bois à laquelle on a fait un tenon avec une autre dans laquelle on a pratiqué une mortaise.

ENCLUMETTE. Espèce de tas arrondi sur lequel les boisseliers rivent les clous qui servent à lier les serches.

ENFONCER un tonneau ou une cuve, y mettre un fond. On dit aussi *foncer*.

ÉPEIGNÉE. Douve cassée dans le jable.

ÉTANCHOIR. Petit couteau ou petit ciseau dont on se sert pour garnir d'étoupes les fentes d'une futaille.

ÉTAU, SELLE A TAILLER ou **SERRE.** Les mots *étau* et *serre* désignent spécialement la tête de la bascule de la selle à tailler; cependant, assez souvent on prend la partie pour le tout.

ÉTOUPE. Toile effilée et réduite en charpie.

F

FENDOIR. Petit outil de bois, d'os ou d'ivoire, propre à fendre l'osier.

FENTE (V. Bois).

FEUILLET. Scie à chantourner, sa lame est étroite et ses dents non inclinées.

FEUILLETTE. Tonneau de Bourgogne.

FOND. Disque en bois composé de plusieurs planches juxta-posées, quelquefois goujonnées, qui ferme par le bout le corps du tonneau, du seau, de la cuve, etc.

FORET ou *Coup de poing* ou *Giblet*. Espèce de vrille dont on se sert pour percer les tonneaux lorsqu'on veut goûter le vin ou lui donne de l'air, il y a une embase qui s'oppose à ce qu'elle entre trop avant. On nomme cet instrument *coup de poing* parce qu'il doit entrer et faire trou d'un seul coup.

FOSSET. Petite cheville conique en bois qui sert à boucher les trous pratiqués par le foret.

FUT. Vaisseau composé de plusieurs planches réunies par des cercles. Quelquefois le corps du tonneau avec quatre cercles, deux de chaque côté du bouge, les fonds non encore mis en place; d'autre fois on emploie le mot *chemise* pour désigner cet état du tonneau non achevé.

FUTAILLE La même chose que *tonneau*, que *fût*, que *pièce*; cependant ce mot s'applique plus particulièrement aux tonneaux vides qui ont déjà servi.

G

GABARI. Patron, modèle, calibre.

GARROT. Morceau de bois passé entre les doubles d'une corde tendue et que l'on serre en tournant le garrot, comme lorsqu'on tend une scie; c'est avec un garrot qu'on serre la corde qui enveloppe une pièce lorsqu'elle perd par suite de la rupture des cercles.

GOBILLARD. Planches débitées à la scie en forêt et servant à faire les cuves, cuviers, etc.

GOUJON. Petite cheville ronde, pointue des deux

bouts, servant à maintenir juxta-posées deux planches dressées sur leur champ. Le goujon entre également dans l'un et l'autre champ, il peut être fait en bois ou en fer; lorsqu'il est fait en bois il n'est point nécessaire qu'il soit pointu, il suffit de lui donner un peu d'entrée, parce que alors on fait un avant-trou avec une mèche; lorsque le goujon est plat il prend le nom de clé ou de clavette.

GOUJONNER. Mettre des goujons, assembler au moyen de goujons.

H

HANGARD. Endroit couvert d'un toit, mais non fermé sur les côtés et sur le devant, où l'on met les tonneaux non foncés ou *chemises* en attendant qu'ils soient *foncés*. On peut aussi y mettre les tonneaux finis en attendant qu'ils soient livrés. Le doleur travaille assez souvent sous le hangard.

HART. Lien de bois vert et flexible qu'en a tordu en corde et qui sert à lier en bottes plusieurs planches ou pièces de bois.

HAUSSES. (V. *échasses.*)

HECTOLITRE. Vaisseau tenant cent litres, on en fait peu; mais bien plutôt des doubles hectolitres.

J

JABLE. Rainure angulaire faite à l'intérieur du tonneau à six centimètres environ des extrémités, et dans laquelle entre le fond du tonneau. On dit *trait de jable.* En général et par induction on nomme jable toute la partie qui environne le trait de jable; le rebord se nomme souvent aussi le jable.

JABLER. Faire le jable.

JABLOIR. Instrument propre à jabler.

JARBIÈRE. Lame tranchante ajustée dans un manche dans lequel elle glisse librement, ce qui permet de donner plus ou moins de fer; les boisseliers en font un fréquent usage.

L

LITRE. Mesure contenant un décimètre cube.

LUMIÈRE Cavité pratiquée dans la colombe, dans les varlopes et les rabots, dans laquelle on place le fer et le coin qui le fixe. Moins la lumière est large mieux elle est faite.

M

MADRIER. Pièce de bois de longueur indéterminée ayant au moins deux décimètres d'épaisseur sur trois et plus de large : la quenouille n'a que onze à douze centimètres carrés, sa longueur est de deux mètres au moins. Le soliveau, la solive, la lambourde, la poutre, la membrure, etc., etc., sont aussi des pièces de bois; mais dont la connaissance appartient plutôt au charpentier qu'au tonnelier.

MAILLET. Marteau en bois du tonnelier; il en a de plusieurs façons.

MAILLOCHE. Gros maillet d'une forme particulière qui sert à frapper sur le coûtre pour fendre les bois.

MAITRESSE PIÈCE. Celle qui occupe le milieu du fond d'un tonneau; il y en a souvent deux.

MANDRIN. Mot applicable à une grande quantité d'objets souvent fort différens les uns des autres. Dans l'acception la plus générale, mandrin signifie une pièce de fer, de bois, de cuivre ou de tout autre matière sur laquelle ou dans laquelle on maintient ou arrête, soit par la pression, soit par attache de clous, de vis, ou de colle, les objets qu'on veut travailler à l'outil, et qui ne peuvent être tenus à la main ou dans l'étau ou par tout autre moyen. Le mandrin du tonnelier sert à faire les bondes. (Voir la figure 216 et l'explication dans le texte aux mots *Bonde*, *Bondon*)

MÈCHE. Instrument servant à percer La mèche se met dans un vilbrequin, lorsqu'elle est emmanchée à demeure elle prend le nom de vrille ou de tarriere, selon sa grosseur; la vrille a cela de particulier qu'elle se termine par le bout en vis conique qui sert à l'attirer dans le trou Les forets sont de petites mèches destinées à forer les corps très durs et les métaux. Cependant on a donne improprement ce nom de foret à l'outil qui sert à percer des petits trous dans les pièces. (V. *Foret.*)

MERRAIN. Bois de cœur de chêne fendu au coûtre suivant la maille, il sert à faire les douves.

METTRE EN TENON (*boissellerie*) Retenir les deux extrémités du corps du seau dans une pince de bois pendant qu'on cloue.

MOLE, on dit aussi **MEULE**. Certaine quantité de cercles que l'on arrange en bottes dans les forêts.

MONTER UN FUT. Arranger dans un cercle les douelles qui doivent former le tonneau.

MOUFFLE. Double ou triple poulie double, retenues dans une même chape, servant à monter et à descendre les pièces lourdes. Le mouvement de ces poulies est très-ralenti, mais leur force est considérable.

MOULINET. Ustensile destiné à monter et à descendre les grosses pièces, il est composé d'un arbre et de deux leviers en croix.

MUID. Gros tonneau. Mesure autrefois en usage dans plusieurs provinces. Le *muid de Paris* contenant deux cent quatre-vingts pintes, suivant un règlement de Louis XIII, et trois cents pintes suivant les ordonnances de Henri IV; la jauge de tous les vaisseaux propres à contenir des liquides se rapportait au muid qui devait contenir trente-six setiers de huit pintes par setier. En Champagne le muid se nommait *queue*, en Bourgogne *feuillette*, en Touraine *poinçon*, en Berry *tonneau*, en Poitou et Anjou *pipe*, en Lyonnais *botte*, à Bordeaux *barrique*, etc., etc.

P

PANNEAU. Planche mince, taillée suivant des dimensions déterminées, ceux des tonneliers portent différens noms, comme *serche*, *modèle*, *patron*, *crochet*, etc.

PARAGE. L'action de parer, d'unir, d'égaliser. Le tonnelier fait le parage des douves en leurs donnant une même longueur pour qu'il lui soit ensuite possible d'y tracer et d'y former le jable.

PAS D'ASSE. Biseau pratiqué sur le bout des douelles, à l'intérieur, dans la partie du jable.

PENTE. (V. *clain.*)

PERÇOIR. Espèce de vilebrequin avec lequel on perce les futailles. Nous avons donné la figure des diverses mèches qui se montent sur ce vilebrequin.

PIÈCE. Tonneau; ce mot se rapporte aux vaisseaux de toutes grandeurs, à partir de la feuillette.

PIPE. Gros tonneau allongé; elle était plus ou moins grande selon les pays. Dans l'Anjou et dans le Poitou la pipe contenait un muid et demi. (Voir le tableau de la capacité des pièces pour connaître la contenance en litres des pipes des différens pays.)

PLAIN-PIED. (V. *cercles.*)

PLANE. Quelques ouvriers prononcent *plaine.* Couteau à deux manches qui sert à planer, c'est-à-dire à dresser, à aplanir le bois. Il y a des planes courbes, il semblerait qu'alors elles dussent changer de nom, puis qu'au lieu de planer elles sillonnent le bois ; mais il faut observer qu'elles planent dans le sens de la longueur, ce qui fait que leur nom doit être maintenu.

PLANE ENFUTÉE dite *bastringue.* Plane montée sur un morceau de cormier ayant deux poignées, on ôte ou on donne du fer, comme à un rabot, en frappant légèrement sur les bouts taillans du fer. Cette plane est bonne pour les bois pris à rebrousse fil.

POINÇON. Nom donné aux tonneaux dans beaucoup de localités ; on a prétendu que ce mot venait de *piceum* (enduit de poix) parce qu'autrefois on enduisait les tonneaux de poix ou de tout autre substance glutineuse insoluble dans l'eau et susceptible de se durcir en réfroidissant. Dans certaines provinces le poinçon avait des dimensions déterminées et fixées ; le poinçon d'Orléans et d'Anjou contenait la moitié d'un tonneau, en Touraine il contenait le muid, à Paris la demi-queue. Toutes ces dénominations ont disparu devant le double hectolitre ; mais on se sert encore du mot poinçon comme de celui de pièce, futaille, tonneau, feuillette, pipe, etc., etc.

POMPE. Ustensile en fer-blanc dont les tonneliers se servent pour transvaser le vin.

POULAIN. Espèce de baquet sans roue dont les tonneliers se servent pour descendre ou remonter des caves les fortes pièces. On met le poulain sur les marches et la pièce mise en long glisse sans se heurter contre les marches.

Q

QUART, QUARTAUT. Petit tonneau. (V. le tableau des capacités.)

QUEUE. Gros tonneau. (V. le même tableau.)

R

RABOT. Outil de menuiserie employé par le tonnelier; on dit *raboter* pour signifier aplanir avec le rabot.

RAINURE. Terme de menuiserie; coulisse creusée dans l'épaisseur du bois pour recevoir une partie saillante qu'on nomme languette, ce qui forme un assemblage. Le jable est une rainure circulaire dans laquelle entre le bord du fond taillé en languette.

RANGÉE. On nomme ainsi dans les ventes de bois une certaine quantité de cercles composée de plusieurs rouelles.

RAPÉ DE COPEAUX (V. *copeaux*). On donne aussi ce nom à une boisson faite avec des marcs de raisin et de l'eau.

REBATTRE. Frapper sur les cercles pour les faire entrer et les placer au point où il convient.

REFENDU. (V. *bois.*)

RELIER. Mettre des cercles pour retenir les douelles d'un fût neuf, ou remettre des cercles neufs à une futaille dont les anciens auraient manqué.

RELIER EN PLEIN. Garnir les deux extémités du tonneau de manière à ce que tous les cercles se touchent.

ROUANNE. Outil composé d'une pointe au centre, faisant la fonction de la pointe fixe d'un compas, et de plusieurs tranchans recourbés en forme de gouge, dont les uns tracent des courbes et les autres des droites (fig. 160). On dit *rouanner* pour se servir de la rouanne à l'effet de marquer les pièces d'un signe particulier à chaque maître.

ROUELLE. Nombre déterminé de rangées de cercles. On vend le cercle par rouelles en forêt.

ROULÉ. (V. *bois.*)

S

SAUNIÈRE. Vaisseau dans lequel on met le sel.

SEILLE. Seau en boissellerie, fait en hêtre, et ayant une anse de bois; on leur met quelquefois une anse en gros fil de fer. Les seilles servent aux vendangeurs pour y déposer le raisin coupé des ceps.

SELLE A TAILLER. Banc surmonté d'une serre ou étau en bois dans lequel les tonneliers retiennent la planche qu'ils veulent planer ou tailler.

SELLE A ROGNER. Appareil composé de plusieurs pièces de bois, dont la principale en Y. On pose le tonneau qu'on veut rogner dans l'enfourchement de l'y, et on le rogne en le faisant tourner sur lui-même dans cette position.

SERCHE. Bois très-mince et assez flexible pour être contourné facilement et sans qu'on ait à craindre sa rupture. Il y a de la serche en hêtre et d'autre en chêne. Celle de hêtre est assez ordinairement refendue à la scie, celle de chêne est fendue au coûtre. Quelques ouvriers prononcent *sarche*, mais c'est une faute.

SERGENT. Instrument de menuiserie dont les tonneliers font aussi usage. On dit maintenant sergent, mais le mot originaire est *serre-joints*. Cet instrument n'a pas, en effet, d'autre destination que de tenir les joints serrés, pendant que la colle prend ou pendant qu'on cheville l'assemblage.

SETIER. Ancien mot désignant une mesure qui n'est plus en usage Il serait très-difficile de dire ce qu'on entendait par setier; car dans les pays même où ce mot était employé on n'etait pas parfaitement d'accord sur sa signification. Souvent il indiquait une grande mesure pour les graines, d'autres fois une petite mesure pour les liquides. A Paris, on connaissait le demi setier, qui était le quart de la pinte; et ce même quart de pinte était nommé setier à Orléans, à Blois, à Tours, etc.; à Paris le setier n'était point connu; il devait rationnellement contenir la moitié d'une pinte; mais cette moitié était nommé *chopine*.

SOLAMIRE (*boissellerie*). Toile en soie, en crin, en laine ou autre, toile métallique, fer ou cuivre, servant à faire le fond d'un tamis.

SOMMAGER. Placer à chaque extrémité d'un tonneau, à la hauteur des traits de jable, en dehors, les doubles cercles nommés *sommiers*.

SOMMIER. Cercle formé de deux cercles liés séparément et ensuite réunis par une ligature commune.

T

TAILLER EN ROUE. Rendre convexe la surface extérieure de chaque douelle, afin que, mise en place, elle concourre à donner au fût une forme cylindrique.

TALUS. C'est la même chose que *biseau*, *clain*, *pente*, etc. (V. ces mots.)

TÉMOINS. Quatre parties de bois non touché par les outils, qu'on réserve en dedans d'une doile aux quatre coins, et qui servent à témoigner de l'épaisseur primitive de lo doile et de l'adresse de l'ouvrier qui n'a enlevé que le bois surabondant.

TENON. (*boissellerie.*) Pince en bois servant à tenir joints les deux bouts d'une éclisse ou d'une serche.

TINETTE. Vaisseau plus étroit par le haut que par le bas; cône tronqué. Il sert a conserver les viandes salées.

TIMBRE DE TAMBOUR (*boissellerie*). Corde en boyau tendu sous le fond inférieur.

TIRANT. Boucle en cuir ou en peau passée dans les cordes qui vont en zig-zag de la bordure mobile du haut (la vergette) d'un tambour à la bordure du bas, qui sert lorsqu'on appuie dessus à faire tendre les peaux du tambour.

TIRE ou **TIRETOIR.** Outil servant à placer les cercles et à foncer les tonneaux.

TIRRE A BARRE. Outil servant à poser la barre qui soutient le fond des tonneaux.

TIRE-FOND. Espèce de gros piton dont la vis est à pas double et va un peu en cône; les deux pointes du double filet doivent être friandes, afin que le tire-fond prenne sans effort et sans appuyer beaucoup.

TONNE. Grand tonneau; quand elles sont très-grandes elles prennent le nom de *Foudres*.

TONNEAU. Nom général donné à toute pièce propre à contenir les liquides ou les matières sèches qui doivent ne pas être mises en contact avec l'air, composé de plusieurs planches assemblées en cylindre et ayant deux fonds. Pris comme mesure, la capacité du tonneau variait suivant les localités. Le tonneau de mer était estimé contenir trois muids de Paris et peser deux mille livres.

TONNEAU MONTÉ. Se dit lorsque toutes les douelles sont appareillées, placées et retenues par deux ou quatre cerceaux.

TONNELIER-FERREUR. L'ouvrier qui s'occupe spécialement de la construction des vases cerclés en métal, tels que pipes de distilateur, barils, brocs, seaux, etc.

TONNELLERIE. Lieu ou l'on travaille les tonneaux. Aussi l'art du tonnelier.

TORCHES ou **BOTTES.** Paquets composés de 150 brins d'osier.

TRAITOIR. Corruption de tiretoir (V. ce mot.).

TRAVERSIN. Rognures de douves, moins longues que les douves et moins correctes. Le traversin est de longueur et de largeur variées. Les plus courtes servent à faire les chanteaux, les plus longues et les plus larges les maîtresses pièces; les aisselières sont faites avec le traversin moyen.

TRONCHET, CHARPI, BILLOT. Le tonnelier en a de plusieurs hauteurs pour travailler assis ou debout.

TROP DE FOND. Veut dire que le diamètre des fonds est trop grand pour le tonneau.

TRUSQUIN. Outil de menuiserie servant à tracer des parallèles à un côté dressé. Le tonnelier en fait usage.

U

UTINET. Petit maillet plat à long manche qui sert à frapper sur les planches du fond d'un tonneau, et à faire revenir celles qui sont entrées trop avant et hors jable. Il sert aussi à débondonner quand la bonde n'est point trop enfoncée.

V

VERGÉ ou **VERGETÉ.** Mauvaise qualité du bois (V. *bois.*)

VERGETTES (*boissellerie*). Cercles de bois ou de métal qui servent à soutenir et à tendre les peaux d'un tambour.

VELTE Mesure des liquides (Voir le tableau de la capacité des pièces). La velte contenait trois pots et le pot deux pintes.

VENTRE d'un tonneau (V. *bouge*).

VRILLE A BARRER (V. *barroir*).

FIN.

TROYES, IMPRIMERIE DE CARDON.

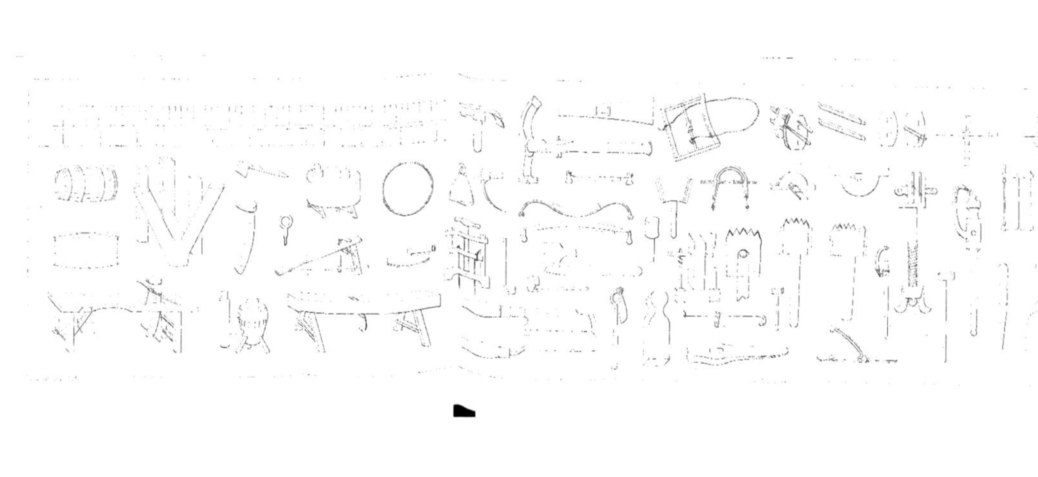

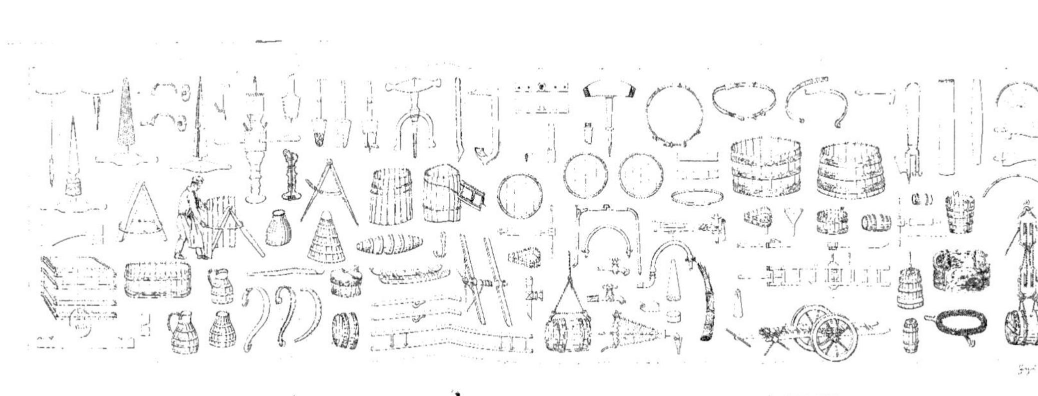

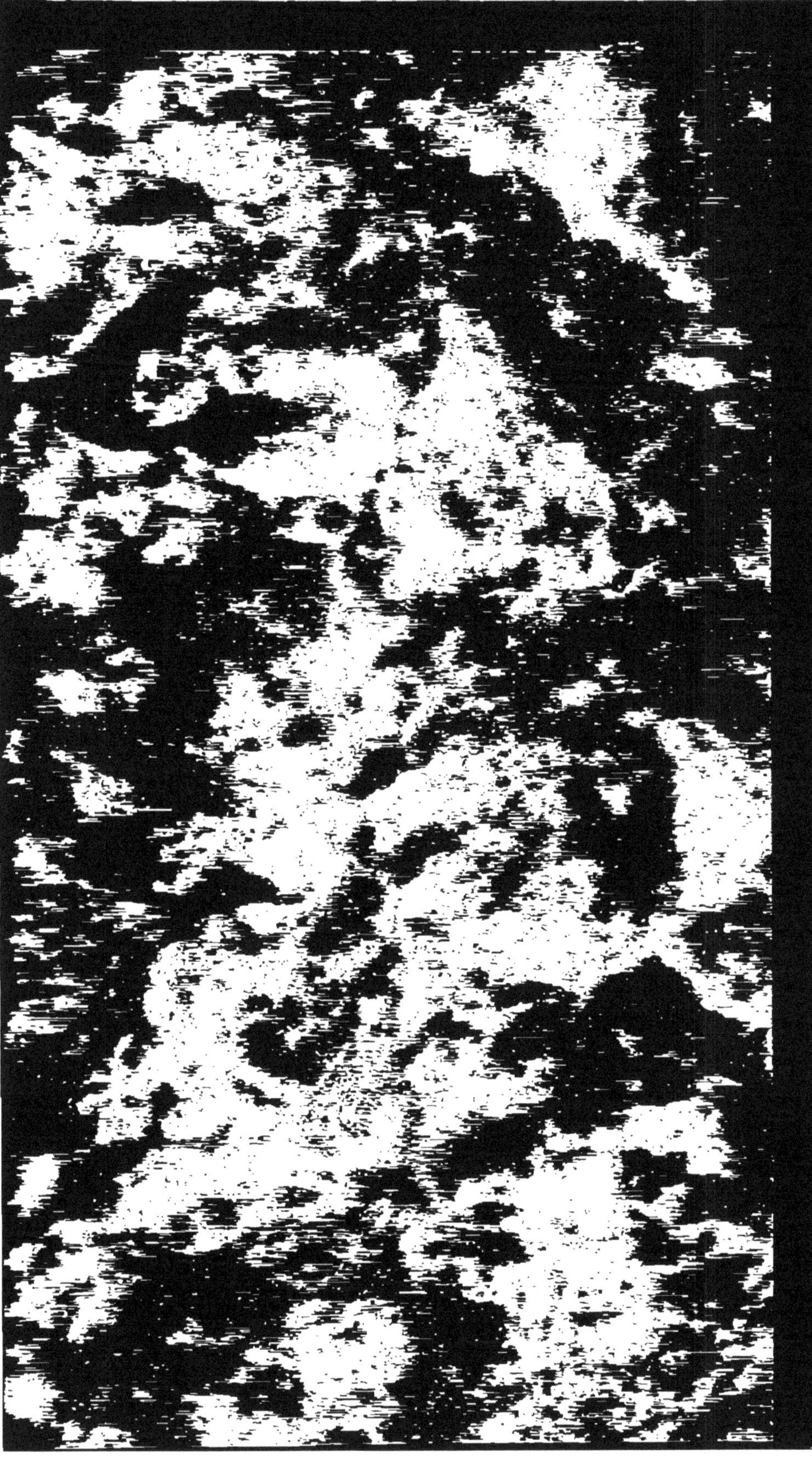

B BLIOTHEQUE NATIONALE DE FRANCE
3 7531 00642512 9

www.ingramcontent.com/pod-product-compliance
Ingram Content Group UK Ltd.
Pitfield, Milton Keynes, MK11 3LW, UK
UKHW020200250726
13967UKWH00003B/1183